U0224718

高等职业教育园林类专业系列教材

园林植物栽培与养护

唐　蓉　李瑞昌　主　编

赖九江　汪成忠　副主编

科学出版社

北　京

内 容 简 介

园林植物栽培是园林工程中重要的环节，如何按照施工图，结合地形进行合理的栽植，使植物能够成活并发挥其生态效益，这是工程施工需要解决的重要问题。在绿化覆盖率越来越高的今天，绿化工程趋向于饱和，园林植物养护显得尤为重要。这样对高层次的园林植物栽培与养护方面的人才培养就显得至关重要。

本书分为园林植物移栽与定植、园林植物的整形修剪和园林植物的养护3个项目，每个项目包含3～4个任务，在每个任务中，将理论知识融入实践操作中，实践操作选取的均是真实案例，详细描述每个任务的工作流程和关键点的操作步骤，并配上真实的现场图片，便于学生自学。

本书为高等职业教育园林类专业系列教材，也可以供中等职业技术学校相关专业和园林技术人员培训参考使用。

图书在版编目（CIP）数据

园林植物栽培与养护 / 唐蓉，李瑞昌主编．—北京：科学出版社，2013
（高等职业教育园林类专业系列教材）
ISBN 978-7-03-038984-8

Ⅰ．①园… Ⅱ．①唐… ②李… Ⅲ．① 园林植物-观赏园艺-高等职业教育-教材 Ⅳ．①S688

中国版本图书馆CIP数据核字（2013）第254816号

责任编辑：何舒民 杜晓 李欣 / 责任校对：王万红
责任印制：吕春珉 / 封面设计：美光制版有限公司

科学出版社 出版
北京东黄城根北街16号
邮政编码：100717
http://www.sciencep.com

北京九州迅驰传媒文化有限公司 印刷
科学出版社发行 各地新华书店经销

*

2014年1月第 一 版 开本：787×1092 1/16
2022年7月第七次印刷 印张：12 1/4
字数：314 000

定价：45.00元

（如有印装质量问题，我社负责调换〈九州迅驰〉）
销售部电话 010-62134988 编辑部电话 010-62132124（VL03）

高等职业教育园林类专业系列教材
编写指导委员会

《园林植物栽培与养护》
编写人员名单

主　编： 唐　蓉（苏州农业职业技术学院）
李瑞昌（潍坊职业学院）

副主编： 赖九江（江西环境工程职业学院）
汪成忠（苏州农业职业技术学院）

参　编： 刘国华（江苏农林职业技术学院）
桂松龄（辽宁职业学院）
林　红（广西生态工程职业技术学院）
高志勤（宁波城市职业技术学院）
顾国海（苏州农业职业技术学院）
徐　峥（苏州农业职业技术学院）

序

Preface

随着生产力的发展和人民生活水平的提高，人们对生活的追求将从数量型转为质量型，从物质型转为精神型，从户内型转为户外型，生态休闲正在成为人们日益增长的生活需求的重要组成部分。就一个城市来说，生态环境好，就能更好地吸引人才、资金和物资，处于竞争的有利地位。因此，建设生态城市已成为城市竞争的焦点和经济社会可持续发展的重要基础。目前许多城市提出建设“生态城市”、“花园城市”、“森林城市”的目标，城市园林建设越来越受到重视，促进了园林行业的蓬勃发展；与此同时，社会主义新农村建设、规模村镇建设与改造，都促使社会对园林类专业人才需求日益增加。从事园林工作岗位的高技能人才和生产一线的技术管理型人才的培养，特别是与园林景观设计、园林工程招投标文件编制、工程预决算、园林工程施工组织管理、苗木生产经营与管理、园林植物租摆、园林植物造型与装饰、园林工程养护管理等职业岗位相适应的高技能人才的培养，自然就成为园林类高等职业教育关注和着力的重点。

2007年12月，我们组织了9所高等职业院校，在上海召开了预备会议。与会人员在如何进行园林专业的教学改革和课程改革，以及教材建设等方面交换了意见，并决定以宁波城市职业技术学院环境学院的研究工作为基础，结合国家社会科学基金“十一五”规划（教育科学）“以就业为导向的职业教育教学理论与实践研究”课题（BJA060049）的子课题“以就业为导向的高等职业教育园林类专业教学整体解决方案设计与实践研究”，组织全国相关院校，对园林类专业的教学整体解决方案设计及教材建设进行系统研究。为了有效地开展这项工作，组建了以卓丽环（上海农林职业技术学院）为课题组长，祝志勇（宁波城市职业技术学院环境学院）、成海钟（苏州农业职业技术学院）、关继东（辽宁林业职业技术学院）、周兴元（江苏农林职业技术学院）、周业生（广西生态工程职业技术学院）、朱迎迎（上海城市管理职业技术学院）、贺建伟（国家林业局职业教育研究中心）、何舒民（科学出版社职教技术出版中心）

为副组长的课题研究领导团队。

2008年5月，课题组在上海农林职业技术学院和宁波城市职业技术学院环境学院召开了第二次会议；2009年1月在北京召开了第三次会议。会议在深刻理解本专业人才培养目标、就业岗位群、人才培养规格的基础上，构建了课程体系，并认真剖析每门课程的性质、任务、课程类型、教学目标、知识能力结构、工作项目构成、学习情境等，制订了每门课程的教学标准，确定了教材编写大纲，并决定开发立体化教材。全国有23所高等职业院校的50多位园林技术和园林工程技术专业的教师、企业人员和行业代表参加了课题研究。

三次会议后，在课程推进的过程中，课题组成员以课题研究的成果为基础，对园林类专业系列教材的特色、定位、编写思路、课程标准和编写大纲进行了充分讨论与反复修改，确定了首批启动23本（园林技术专业12本、园林工程技术专业11本）教材的编写，并计划2010年年底完成。主编、副主编和参编由全国具有该门课程丰富教学经验的专家学者、一线教师和部分企业人员担任。

本套教材是该课题成果的重要组成部分。教材的开发与编写宗旨是按照教育部对高等职业教育教材建设的要求，以职业能力培养为核心，集中体现专业教学过程与相关职业岗位工作过程的一致性。

本套教材的特点是紧密结合生产实际，体现园林类专业“以就业为导向，能力为本位”的课程体系和教学内容改革成果，理论基础突出专业技能所需要的知识结构，并与实训项目配合；实践操作则大多选材于实际工作任务，采用任务驱动与案例分析结合的方式，旨在培养实际工作能力。在内容上对单元或项目有总结和归纳，尽量结合生产或工作实际进行编写，做到整套教材编写内容上的衔接有序，图文并茂，其内容能满足高职高专相关专业教学和职业岗位培训的应用。

希望我们的这些工作能够对园林类专业的教学和课程改革有所帮助，更希望有更多的同仁对我们的工作提出意见和建议，为推动和实现园林类专业教学改革与发展做出我们应有的贡献。

卓丽环
2009年8月

前 言

Foreword

当前，我国高职教育发展迅速，其主要原因之一就在于高职教育培养目标的定位科学明确，即培养生产、服务、管理等一线岗位的高等技术应用型人才，而这一目标正适应了当前社会经济发展的迫切需要。

2007年12月到2009年8月，由科学出版社牵头，围绕国家社会科学基金"十一五"规划（教育科学）"以就业为导向的职业教育教学理论与实践研究"课题（BJA060049）的子课题"以就业为导向的高等职业教育园林类专业教学整体解决方案设计与实践研究"，全国10余所高职院校的园林类专业相关教师，在上海、宁波等多次聚会，共商园林类专业的教学改革和课程改革，对园林类专业的教学整体解决方案设计及教材建设进行系统研究，并组织编写了园林技术、园林工程技术专业核心课程教材，《园林植物栽培与养护》就是其中的一本。

"园林植物栽培与养护"课程是高等职业院校园林技术专业的一门专业必修课，也是专业核心课程。本书是在分析园林绿化施工员的工作任务、工作内容、岗位职责的基础上，按园林植物移栽定植、整形修剪、养护等3项工作任务设置项目，每个项目按工作内容设置若干作业任务，每个作业任务按工作流程阐述相关理论知识和操作技能。根据教学内容匹配相应的技术规程、案例、拓展知识，每个作业任务配有巩固练习。本书突出了任务引领，按工作流程阐述程序知识和操作技能，并通过案例加深对前述内容的理解。

本书紧密结合实际，突出了理论基础突出专业技能所需要的知识结构，并与实训项目配合；采用任务驱动与案例分析结合的方式，旨在培养实际工作能力。在内容上一方面考虑了学生对基本知识的掌握，另一方面，又将新知识、技术、新方法贯穿在整个教材中，并插入了工作流程图，图文并茂地体现工作任务，使学生对知识的接受更加容易，同时，对技能的要求也更加明晰。我们希望本书能够对园林类专业的教学改革，更好地实现与学校教育与岗位需求的零距离结合起到一定的帮助作用。

本书由唐蓉（苏州农业职业技术学院）、李瑞昌（潍坊职业学院）担任主

编，赖九江（江西环境工程职业学院）和汪成忠（苏州农业职业技术学院）担任副主编，还有刘国华（江苏农林职业技术学院）、高志勤（宁波城市职业技术学院）、桂松龄（辽宁职业学院）、林红（广西生态工程职业技术学院）和徐峥、顾国海（苏州农业职业技术学院）共同完成全书的编写。成稿后全书由唐蓉和汪成忠统稿和定稿。

本书在编写过程中，得到了科学出版社、苏州农业职业技术学院、宁波城市职业技术学院和各兄弟院校的大力支持，同时我们也参阅了众多的参考文献，在此，我们一并表示深深的谢意！由于水平有限，本书肯定还存在诸多问题，恳请各位同仁在使用中提出宝贵意见。

目 录

Contents

课程 导入

“园林植物栽培与养护”课程概述

园林绿化事业是备受社会关注的事业。随着社会的进步和经济的发展，园林绿化已经成为人们营造良好生存环境、追求生活质量、提高民族素质、创造物质文明和精神文明的需要。园林植物是园林绿化的主要材料，园林植物的栽培与养护是园林绿化的基础。

随着园林绿化事业的快速发展，社会急需一批热爱园林绿化事业、具有一定的理论基础、掌握职业岗位技能的高素质技能型人才。

0.1 课程对接的职业岗位

本课程围绕园林绿化施工员岗位展开，园林绿化施工员是在项目工程师的指导下，组织工人进行岗前培训，场地平整；按图放样；组织工人进行园林植物的栽培和养护等，具体见图0.1。

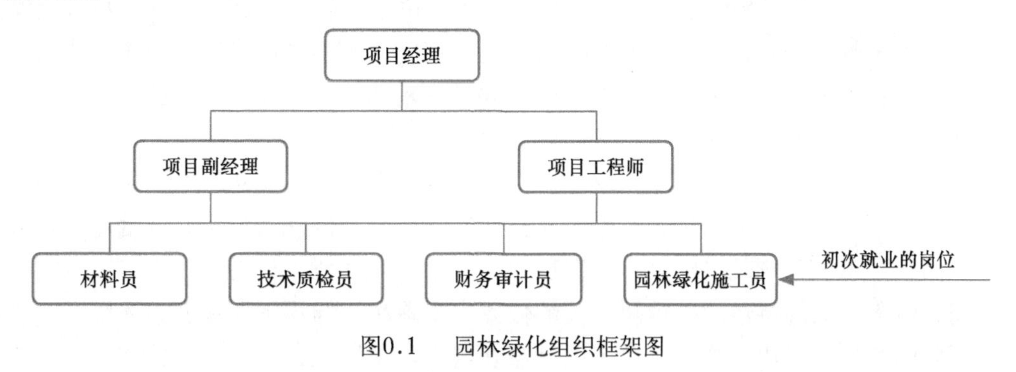

图0.1 园林绿化组织框架图

0.2 园林植物栽培与养护基础

0.2.1 园林植物概念

园林植物是指能绿化、美化、净化环境，具有一定观赏价值、生态价值和经济价值，适用于布置人们生活环境、丰富人们精神生活和维护生态平衡的栽培植物。时至今日，人们对园林植物的功能赋予了新的要求，不仅要求具有观赏的功能，还要求具有改造环境、保护环境，以及恢复、维护生态平衡的功能。因此，园林植物不仅包括木本和草本的观花、观果、观叶、观姿态的植物，也包括用于建立生态绿地的所有植物。随着科学技术的发展和社会的进步，园林植物的范畴也在延伸扩大。

0.2.2 园林植物栽培类型

1. 木本植物栽培类型

（1）孤植

孤植是指乔木的孤立种植类型，又称孤立树。有时在特定的条件下，也可以是两株到三株，紧密栽植，组成一个单元，但必须是同一树种，株距不超过1.5m，远看起来和单株栽植的效果相同。孤立树下不得配置灌木。孤立树的主要功能是构图艺术上的需要，作为局部空旷地段的主景，当然同时也可以蔽荫。孤立树作为主景是用以反映自然界个体植株充分生长发育的景观，外观上要挺拔繁茂置灌木。以反映自然界个体植株充分生长发育的景观，外观上要挺拔繁茂，雄伟壮观（图0.2）。

图0.2　孤植的紫叶李

孤立树应选择具备以下几个基本条件的树木：植株的形体美而较大，枝叶茂密，树冠开阔，或是具有其他特殊观赏价值的树木；生长健壮，寿命很长，能经受重大自然灾害，宜多选用当地乡土树种中久经考验的高大树种；树木不含毒素，没有带污染性并易脱落的花果，以免伤害游人，或妨害游人的活动。

孤立树在园林种植树木的比例虽然很小，却有相当重要的作用。孤植树种植的地点应比较开阔，不仅要有足够的生长空间，而且要有比较合适的观赏视距和观赏点。最好有天空、水面、草地等色彩既单纯又有丰富变化的景物环境作背景衬托，以突出孤植树在形体、姿态、色彩方面的特色。孤植树种植的位置主要取决于与周围环境的整体统一，可以种植在开朗的草地、河边、湖畔，也可以种植在高地、山岗上，还可以种植在公园前广场的边缘，以及园林建筑组成的院落中。孤植树在自然式园林中可作为交点树、诱导树种植在园路或河道的转折处，假山蹬道口及园林局部的入口部分，诱导游人进入另一景区。种孤立树作为园林构图中的一部分，不是孤立的，必须与周围环境互为配景。山水园中的孤立树，必须与透漏生奇的山石调和，树姿应选盘曲苍古。

（2）对植

对植是指用两株树按照一定的轴线关系作相互对称或均衡的种植方式，主要用于强调公园、建筑、道路、广场的入口，同时结合蔽荫、休息，在空间构图上是做为配置用的。

在规则式种植中，利用同一树种、同一规格的树木依主体景物的中轴线作对称布置，两树的连线与轴线垂直并被轴线等分。规则式种植，一般采用树冠整齐的树种。在自然式

种植中，对植是不对称的，但左右是均衡的。自然式园林的进口两旁、桥头、蹬道石阶的两旁、河道的进口两边、闭锁空间的进口、建筑物的门口，都需要有自然式的进口栽植和诱导栽植。自然式对植是以主体景物中轴线为支点取得均衡关系，分布在构图中轴线的两侧，必须是同一树种，但大小和姿态必须不同，动势要向中轴线集中，与中轴线的垂直距离，大树要近，小树在远，两树栽植点连成直线，不得与中轴线成直角相交。

一般乔木距建筑物墙面要5m以上，小乔木和灌木可适当减少（距离至少2m以上）（图0.3）。

（3）行列栽植

行列栽植是指乔灌木按一定的株行距成排的种植，或在行内株距有变化。行列栽植形成的景观比较整齐、单纯、气势大。行列栽植是规则式园林绿地中应用最多的基本栽植形式。在自然式绿地中也可布置比较整形的局部。行列栽植具有施工、管理方便的优点。行列栽植多用于建筑、道路、地下管线较多的地段。行列栽植与道路配合，可起夹景效果（图0.4）。

图0.3　门前对植树木

行列栽植宜选用树冠体形比较整齐的树种，如圆形、卵圆形、倒卵形、塔形、圆柱形等，而不选枝叶稀疏、树冠不整齐的树种。行距取决于树种的特点、苗木规格和园林主要用途，如景观、活动场所等。

图0.4　行列式种植

一般乔木采用3～8m，灌木为1～5m。行列栽植的形式有两种：等行等距、等行不等距。

（4）丛植

丛植通常是由两株到十几株乔木或乔灌木组合种植而成的种植类型。配置树丛的地面，可以是自然植被或是草地、草花地，也可以配置山石或台地。树丛是园林绿地中重点布置的一种种植类型。它以反映树木群体美的综合形象为主，但这种群体美的形象又是通过个体之间的组合来体现的，彼此之间有统一的联系又有各自的变化，互相对比、互相衬托。选择作为组成树丛的单株树木条件与孤植树相似，必须挑选在蔽荫、树姿、色彩、芳香等方面有特殊价值的树木（图0.5）。

图0.5　丛植

树丛可以分为单纯树丛及混交树丛两类。蔽荫的树丛最好采用单纯树丛形式，一般不用灌木或少用灌木配植，通常以树冠开展的高大乔木为宜。而作为构图艺术上主景、诱导、配景用的树丛，则多采用乔灌木混交树丛。

树丛作为主景时，宜用针阔叶混植的树丛，观赏效果特别好，可配置在大草坪中央、水边、河旁、岛上或土丘山岗上，作为主景的焦点。在中国古典山水园林中，树丛与岩石组成常设置在粉墙的前方，走廊可房屋的角隅，组成一定画题的树石小景。作为诱导用的树丛多布置在进口、路叉和弯曲道路的部分，把风景游览道路固定成曲线，诱导游人按设计安排的路线欣赏丰富多采的园林景色，另外也可以用作小路分歧的标志或遮蔽小路的前景，达到峰回中转又一景的效果。树丛设计必须以当地的自然条件和总的设计意图为依据，用的树种少但要选得准，充分掌握植株个体的生物学特性及个体之间的相互影响，使植株在生长空间、光照、通风、温度、湿度和根系生长发育方面都得到适合的条件，这样才能保持树丛的稳定，达到理想效果。

丛植的配植形式有：两株树丛的配合、三株树丛的配合、四株树丛的配合、五株树丛的配合。

（5）群植

组成群植的单株树木数量一般在20株以上。树群所表现的，主要为群体美，树群也像孤立树和树丛一样，是构图上的主景之一。因此树群应该布置在有足够距离的开朗场地上，如靠近林缘的大草坪、宽广的林中空地、水中的小岛屿、宽广水面的水滨、小山山坡上、土丘上等。树群主要立面的前方，至少在树群高度的四倍、树群宽度的一倍半距离上，要留出空地，以便游人欣赏。

群植规模不宜太大，在构图上要四面空旷，树群组成内和每株树木，在群体的外貌上都要起一定作用。树群的组合方式，最好采用郁闭式，成层的结合。树群内通常不允许游人进入，游人也不便进入，因而不利于作蔽荫休息之用。

树群可以分为单纯树群和混交树群两类。单纯树群由一种树木组成，可以应用宿根性花卉作为地被植物。树群的主要形式是混交树种。混交树种群分为五个部分，即乔木层、亚乔木层、大灌木层、小灌木层及多年生草本植被。其中每一层都要显露出来，其显露的部分应该是该植物观赏特征突出的部分。乔木层选用的树种，树冠的的姿态要特别丰富，使整个树群的天际线富于变化，亚乔木层选用的树种，最好开花繁茂，或是有美丽的叶色，灌木应以花木为主，草本覆盖植物应以多年生野生性花卉为主，树群下的土面不能暴露。树群组合的基本原则，高度采光的乔木层应该分布在中央，亚乔木在四周，大灌木、小灌木在外缘。

树群内植物的栽植距离要有疏密变化，要构成不等边三角形，切忌成行、行排、成带地栽植，常绿、落叶、观叶、观花的树木应用复层混交及小块混交与点状混交相结合的方式。

树群的外貌要高低起伏有变化，要注意四季的季相变化和美观。

（6）林带

林带在园林中用途很广，可屏障视线，分隔园林空间。可做背景，可蔽荫，还可防

风、防尘、防噪声等。自然式林带就是带状的树群，一般短轴为1，长轴为4以上（图0.6）。

自然式林带内，树木栽植不能成行成排，各树木之间的栽植距离也要各不相等，天际线要起伏变化，外缘要曲折。林带也以乔木、亚乔木、大灌木、小灌木、多年生花卉组成。

图0.6 林带

林带属于连续风景的构图，构图的鉴赏是游人前进而演进的，所以林带构图中要有主调、基调和配调，要有变化和节奏，主调要随季节交替而交替。当林带分布在河滨两岸，道路两侧时，应成为复式构图，左右的林带不要求对称，但要考虑对应效果。

林带可以是单纯林，也可以是混交林，要视其功能和效果的要求而定。乔木与灌木、落叶与常绿混交种植，在林带的功能上也能较好地起到防尘和隔音效果。防护林带的树木配置，可根据要求进行树种选择和搭配，种植形式均采用成行成排的形式。

（7）林植（树林）

凡成片、成块大量栽植乔灌木，构成林地或森林景观的称为林植或树林。林植多用于大面积公园安静区、风景游览区或休、疗养区卫生防护林带。树林可分密林和疏林两种，密林的郁闭度达70%～100%，疏林的郁闭度在40%～70%，密林和疏林都有纯林和混交林。密林纯林应选用最富于观赏价值而生长健壮的地方树种。密林混交林具有多层结构，如林带结构，大面积混交密林多采用片状或带状混交，小面积混交密林多采用小片状或点状混交，常绿树与落叶树混交。密林栽植密度成林保持株行距2～3m（图0.7）。

图0.7 林植

疏林多与草地结合，成为“疏林草地”，夏天可蔽荫，冬天有阳光，草坪空地供游息、活动，林内景色变化多姿，深受游人喜爱。疏林的树种应有较高的观赏价值，生长健壮，树冠疏朗开展，四季有景可观。

（8）绿篱或绿墙

凡是由灌木或小乔木以近距离的株行距密植，栽成单行或双行，紧密结合的规则的种植形式，称为绿篱或绿墙（图0.8）。

图0.8 绿篱

根据高度可分：绿墙（160cm以上）、高绿篱（120～160cm）、绿篱（50～120cm）和矮绿篱（50cm以下）；

根据功能要求与观赏要求可分：常绿绿篱、花篱、观果篱、刺篱、落叶篱、蔓篱与编篱等；

绿篱的种植密度根据使用目的，不同树种、苗木规格和种植地带的宽度而定。矮绿篱和一般绿篱，株距可采用30～50cm，行距为40～60cm，双行式绿篱成三角形叉排列。绿墙的株距可采用1～1.5m，行距1.5～2m。

图0.9　花丛

图0.10　花坛

图0.11　花镜

2. 草本植物的种植方式

（1）花丛

将数目不等、高矮及冠幅大小不同的花卉植株组合成丛种植在适宜的园林空间的一种自然式花卉种植形式，如图0.9所示。

应用特点　花卉品种应以适应性强，栽培管理简单，能露地越冬的宿根和球根花卉为主。一二年生或野生花卉也可使用。

花丛花卉种类不宜太多，应有主次之分、高低错落，富有层次感。总体外观大小有别，自然式散植。

（2）花坛

在具有几何形状轮廓的植床内种植各种不同色彩的花卉，运用花卉的群体效果来体现图案纹样及观赏盛花时景观的一种花卉应用形式，如图0.10所示。

应用设计特点：多用于规划式园林构图中。表现花卉组成的平面图案纹或华丽的色彩美，不表现花卉个体的形态美。

（3）花境

模拟野外林缘花卉自然生长形式，以多年生的宿根花卉及矮生花灌木为主的半自然式的花卉种植形式（图0.11）。

表现效果：既表现植物个体所特有的自然美，又展现花卉之间自然组合的群落美。表现花卉群丛平面、立面的自然美，及竖向和水平方向交织的视觉美。

应用特点　花境在设计形式上是沿着长轴方向演进的带状连续构图，平面上看是各

种花卉的自然式斑块式混交种植，立体上看高低错落。一次设计种植，可多年使用，并做到2～4季有景。

植物特点　花境是由一组或几组花卉组成，通常一组花卉有5～10种花卉组成，一般同种花卉要集中栽植。花镜内应由主花材形成基调，次花材作为补充，由各种花卉形成季相景观，每季有3～4种花为主开放。

（4）吊篮与壁篮

吊篮与壁篮是将花卉栽培于容器中且悬吊于空中或挂置于墙壁上的应用方式。广泛应用于门厅、墙壁、街头、灯柱、广场等空间狭小的地方，应用时应注意一定的安全性（图0.12）。

图0.12　吊篮

（5）盆栽花卉

1）单株花卉盆栽：具有观赏价值株型的花卉，可以用于室内空间以盆栽单株花卉方式布置美化环境，成为室内空间布局的焦点或分隔空间的主要方式。盆栽单株植物不仅应具有较高的观赏价值，布置时还应考虑植物体量、色彩和造型与所装饰环境空间相适宜（图0.13）。

应用特点　室内空间局部的焦点或分隔空间的主要方式，并要注意容器的美观。

植物特点　具有较高的观赏价值，如红掌、凤梨、君子兰、散尾葵、发财树、蝴蝶兰、大花蕙兰等。

2）组合盆栽：是通过艺术配置的手法，将几种不同种类的花卉种植在同一容器里。组合盆栽花卉通过组合设计使观赏植物从单株的观赏植物提升为与插花相似，都属于艺术作品，但与插花相比，除了观赏性增强外，具有更强的生命活力，更持久、动态性的观赏效果。组合盆花可以大大提升花卉的附加值（图0.14）。

应用特点　用于家居及会场、办公场所的美化，橱窗等商业空间的装饰。

图0.13　单株花卉盆栽

图0.14　组合盆栽

0.3 园林植物栽培养护的意义及国内外发展现状

0.3.1 园林植物栽培养护的意义

园林植物具有绿化、美化和净化环境的功能，将园林植物应用于城乡绿化和园林建设，具有以下几方面意义：

1）改善环境，增进人民身心健康。先进的环境科学测试表明，在全面、合理的规划下，栽培园林植物可以大大改善环境质量，能起到净化空气、防风固沙、保持水土、滞尘杀菌、减轻污染、减弱噪音、降温增湿等方面的作用。在以园林植物为主要素材而形成的绿草如茵、繁花似锦、鸟语花香的优美环境中，人与自然紧密接触，由此而赏心悦目，消除疲劳，振奋精神。在城市的公园和学校，园林植物还是普及自然科学知识、丰富教学内容的材料，用以激发人们热爱自然、保护环境的热情。总之，通过园林植物的多种防护作用，产生了巨大的环境效益。

2）园林植物是一类有生命的特殊商品，单位面积产值较高。在当今专业化经营规模日趋扩大、科学技术含量和生产管理水平不断提高的条件下，其姿、韵、色、香等全面提高，成本降低，销路扩展，经营园林植物已成为投资旺盛、欣欣向荣、竞争力强的产业。我国特产的园林植物如水仙、牡丹、碗莲、山茶以及盆景等，深受各国人们喜爱，已成为出口农林产品中极具潜力的商品。随着农林产业结构的调整，园林植物生产将成为农林生产中的后起之秀。凡此种种，都表现出园林植物的多种生产功能，可取得可观的经济效益。

3）从园林植物育苗生产到布置、管理的过程，为人们提供了优美的休息、赏游与工作的环境。其间，人们将园林植物为主要素材的自然美加工成艺术美，使生活和工作空间出现宜人的景观，再通过其美化作用而频增情趣与欢乐。欣赏园林植物，尤其联系到“拟人化”，如梅之坚贞不屈，菊之高雅飘逸，牡丹之雍容华贵，荷花之出淤泥而不染，……可以陶冶情操，美化生活，提高文化素养，对促进两个文明建设产生难以估量的社会效益。园林植物特别是鲜花，象征着美好与幸福，花束、花篮等已成为现代社会普遍应用的高雅礼品，盆花、瓶花等则为室内装饰，尤其是厅堂布置所必须。园林植物充当了国内外表达礼遇、友好、和平、幸福的象征，园林植物的社会效益不可低估。

此外，许多园林植物除供观赏外，同时兼有其他用途。如牡丹、芍药、梅、菊等，原来就是药用植物，后来才转向专供观赏；珠兰、茉莉、白兰、玳玳还是熏茶花卉；桂花、玫瑰又能做糕饼等甜点，事实证明，园林植物的功能和效益十分广泛。园林植物栽培对人类的多方面贡献，正需要人们不断深入认识、总结和发掘。

0.3.2 国内外园林植物栽培概况

1. 我国园林植物栽培的历史

我国领土辽阔，地形多变，地跨三带，气候复杂，故园林植物资源十分丰富，被誉为

“世界园林之母”。我国园林植物栽培历史十分久远，可追溯到数千年前，劳动人民积累了非常丰富的栽培经验。历代王朝在宫廷、内苑、寺庙、陵墓大量种植树木和花草，至今尚留有千年以上的古树名木。梅花、桃花在我国也有上千年的栽培历史，培育出数百个品种，早就传入西方。河南鄢陵早在明代就以“花都”著称，这个地区的花农长期以来培育成功多种多样绚丽多彩的观赏植物，在人工捏、拿、整形树冠技术上有独到之处，如用桧柏捏扎成的狮、象等动物至今仍深受群众喜爱。

关于园林植物的栽培技术，在北魏贾思勰撰写的《齐民要术》中记载“凡栽一切树木，欲记其阴阳，不令转易，大树髡之，小者不髡。先为深坑，内树讫，以水沃之，着土令为薄泥，东西南北摇之良久，然后下土坚筑。时时灌溉，常令润泽。埋之欲深，勿令动……”。论述了园林树木的栽植方法。明代《种树书》中载有“种树无时惟勿使树知”，“凡栽树不要伤根须，阔挖勿去土，恐伤根。仍多以木扶之，恐风摇动其巅，则根摇，虽尺许之木亦不活；根不摇，虽大可活，更茎上无使枝叶繁则不招风”。说明了园林树木栽植时期的选择，挖掘要求和栽后支撑的重要性。清初陈淏子《花镜》记载，凡欲催花早开，用硫黄水或马粪水灌根，可提早2～4天花，介绍了植物催花技术。

2. 我国园林植物栽培养护的现状

近年来，随着城乡园林绿化事业的发展，园林植物栽培养护技术的日愈提高。全国各地广泛开展了园林植物的引种驯化工作，使一些植物的生长区向南或向北推移；塑料工业的发展，使园林植物的保护地栽培得到了较大发展，简易塑料大棚和小棚的应用，使鲜花生产和苗木的繁殖速度得到了提高，一些难以繁殖的珍贵花木，在塑料棚内能获得较高的生根率，对繁殖不太困难的植物，可延长繁殖时期和缩短生根期，降低了苗木生产成本；间歇喷雾的应用，使全光照扦插得以实现；生长激素的推广使苗木的繁殖进入一个新时期；种质资源的调查研究，使一些野生园林植物资源不断地被发现和挖掘，如金花茶、红花油茶、深山含笑等；促成栽培技术的应用进入了一个新水平，至今已有上百种园林植物的花期能按人们的要求如期催开或延迟开放；屋顶花园、垂直绿化的产生，为工业发达、人口密集、寸土如金的城市扩大绿化面积提供了广阔的前景；组织培养、无土栽培、容器育苗、配方施肥等技术的应用，都将园林植物栽培养护技术推向新的高度。

园林绿地建设始于设计，施工是设计的继续，而养护则是施工的继续，是对整体的维护、补充和优化。园林绿地建设不同于一般的工程建设，植物才是建设的主体，施工的竣工验收只能说明栽植过程的完工，而要使植物达到最佳生长状态与观赏效果必须通过长期的精心养护来实现。正是由于园林植物养护的主体是有生命的植物，而植物的生命活动是相对缓慢的，所以栽植后必须经过1～2年甚至更长的生长周期才能判断其是否真正成活。例如银杏移植后可能3年不发芽，呈现出假死状态，需经过3年以上的观察才能判断其是否成活。由于这些原因，决定了养护不同于设计和施工，具有长期性和持续性的特点。

目前国内的园林绿地建设，在理论上规划设计、施工建植、养护管理3个环节的关系非常密切，“三分种，七分养”的观点正得到越来越多园林工作者的认可，但在实际操作中3个环节脱节严重，重视设计和施工，轻视养护管理的问题普遍存在。目前国内园林绿地养护的成本约为施工成本的20%～25%，而实际上养护资金投入只占施工的10%～15%，养护所占的资金投入相对偏少，该现象正是养护工作长期得不到应有重视的最直观体现。

0.3.3 世界园林植物栽培养护的现状

近年来，世界园林植物生产有了迅速的发展，具有生产现代化，产品优质化，生产、经营、销售一体化特点。在栽培养护技术上有了较大进展，主要表现在以下几个方面：

第一，园林种苗的容器化为园林植物移栽提供了诸多方便。容器育苗，尤其是大苗的容器育苗，为园林植物的移栽和在较短时间内达到快速绿化的效果起到了十分重要的作用。目前在国外这种育苗方式发挥着越来越大的作用。它可使大苗移栽的成活率达到100%，也免除了起苗、打包等移栽过程中人力、物力的消耗。我国目前在这方面虽有一定起步，但还很不普及。

第二，在大树移栽的设备方面有了许多改进。20世纪70年代，The Vemeer Manufacturing Company of Pella Iowa制造并推广其TM700型移栽机。这是一种自我推进，安装在卡车上的机器，可以挖坑、运输、栽植17～21cm胸径的大树。它不仅可在几分钟内挖出土球，而且可以吊装，运输带土球的树木，并将其栽植在预先挖好的坑内。

第三，抗蒸腾剂的使用，大大提高了阔叶树带叶栽植的成活率。有一种商品名为Vapor Guard的Wilt-Pruf NCF的极好抗干燥剂，冬天不冻结，秋天喷洒一次，有效期可延迟至越冬以后。此外，Potymetrics International， New York City制造的Ptantguard（植物保护剂）是较新研制的抗干燥剂，经适当稀释后，喷在植株上，形成一层柔软而不明显的薄膜，不破裂，耐冲洗。它可透过氧气和二氧化碳，并可阻止水汽的扩散。植物保护剂还具有刺激植物生长和防晒的作用。

第四，在园林树木施肥方面也取得了较大的进展。其中按照树木胸径确定施肥量的方法已在生产上应用。在干化肥施用方法上更多地提倡打孔施肥，并在机械化、自动化方面向前推进了一大步。近年来，已研究了肥料的新类型和施用的新方法，微孔释放袋就是其中的代表之一。在肥料成分上根据树木种类、年龄、物候及功能等推广使用的配方施肥逐渐引起人们重视。

第五，在园林植物修剪方面，由于人工、机械修剪的成本高，因而促进了化学修剪的发展。有些化学药剂，可通过叶片吸收进入植物体内，运输到迅速生长的梢端后，幼嫩细胞虽可继续膨大，但可使细胞分裂的速度减缓或停止，从而使生长变慢，并保持树体的健康状况。

第六，在树洞处理上，近年来，已有许多新型材料用于填充，其中聚氨脂泡沫是一种最新的材料。这种材料强韧，稍具弹性，与园林树木的边材和心材有良好的黏着力，容易灌注，膨化和固化迅速，并可与多种杀菌剂混合使用。

第七，园林花卉的生产目前已达到了温室化、专业化、工厂化。温室结构标准，温室内环境自动调控；生产可以进行流水作业，连续生产和大规模生产；为了提高竞争力，各国都致力于培养独特的花卉种类，形成自己的优势。并且注意发展节约能源花卉的生产，广泛采用新的栽培技术如组织培养、无土栽培、促成栽培等。最后在农药的使用上，由于环境保护的需要，淘汰了一些具残毒和污染环境的药剂，应用和推广了许多新型高效低毒的农药，并进行生物防治。

0.4 园林植物栽培与养护发展趋势

在栽培方面，保护地栽培技术广泛应用，生产逐步走向温室化、专业化；大树移植技术，古树名木更新复壮技术趋于完善；再次在养护管理方面，激素促进栽植成活技术在生产上已有应用，比如抗蒸腾剂是一种极好的抗干燥剂，冬天不结冻，秋天喷洒一次，有效期可延至越冬以后，它的使用大大提高了阔叶树带叶栽植的成活率；施肥上采用新方法，新肥料。修剪则由人工修剪转向机械修剪、化学修剪；灾害防治强调综合治理，生物防治。

0.5 本课程学习内容与学习方法

0.5.1 课程项目内容

依据“园林植物施工员”岗位的典型任务，确定课程共分为3个项目，涵盖园林植物的移栽与定植、园林植物的整形修剪和园林植物的养护管理。

每个项目内容均按园林绿化企业的实际工作流程进行开发，然后选取典型的真实的工作任务进行阐述，每个工作任务的具体工期、人员安排和机械安排均按照目前实际施工效率编写，可参照性强。

课程内容结合国家、行业和地方的技术规范、规程、标准进行，以便更好地和国家、地方标准结合。

0.5.2 学习方法

1. 多实践

本课程是一门实践性很强的课程，与园林工程最贴近的部分，也是以后施工中最多接触的项目，需要多实践，以掌握要领，最终能触类旁通，出色地胜利本工作。

2. 多观察

除了观察种植关键点和工作流程，同时要特别重视观察植物的物候，比如早春观花植物花芽着生在老枝条还是一年生新枝条，这样才能在修剪过程中得心因手。

3. 多思考

在学习理论和实践操作过程中要多思考理论上如何做和实践中怎样做的问题。很多同学会在实践中忽视理论的指导作用，其实很多操作步骤是的潜移默化的指导，但很多同学并未领会到。

园林植物移栽与定植

教学指导 ☞

项目导言

园林植物的移栽与定植是植物展示景观效果的前提，只有根据植物的特性选择合适的栽培方式，采取正确的栽培措施，才能真正展示植物的美感、发挥其生态功能，本项目主要从草本植物、木本植物、水生植物的移栽定植，屋顶花园等方面具体介绍植物的栽培技术，在绿化施工中应根据条件合理选择栽培技术和得力的养护措施，以取得好的景观效果、生态功能和经济效益。

知识目标

1. 熟悉草本植物的特性。
2. 理解木本园林植物移植技术、促发新根、修剪树冠及栽培后的水分调节机理。
3. 熟悉常见的水生植物的喜水习性。
4. 掌握屋顶绿化和垂直绿化的相关知识。

技能目标

1. 能根据草本园林植物的特性，会制定出草本园林植物移栽与定植技术方案。
2. 会进行苗木移植与栽培，及已经移栽后的管理。
3. 能够根据水的深度合理选择水生植物，并进行植物的栽培和养护工作。
4. 能进行屋顶绿化基质的配制与铺装；能进行屋顶绿化及垂直绿化苗木的栽植。

草本园林植物移栽与定植

【任务描述】 草本植物的美化效果具有木本植物无可比拟的优越性，可以实现四季有花，四季有景，草本植物可以做花坛、花镜、花丛等，对于构建景观中的下层地被具有至关重要的作用。通过项目任务的完成，能利用草本园林植物的素材进行花坛的定植，实现花坛四季有花。

【任务目标】 1. 能根据草本园林植物的特性，制定出草本园林植物移栽与定植技术。
2. 能根据地形实际，用草本园林植物配置花坛。
3. 熟悉草本园林植物栽后管理。

【材料及工具】 1. 植物材料：一串红、波斯菊、百日草、葱兰、郁金香、朱顶红、大丽花等。
2. 肥料：腐熟有机肥、复合肥、尿素等。
3. 工具：锄头、铲子、剪枝剪、浇水器具等。

【安全要求】 正确使用剪枝剪、锄头、铲子等，按照要求进行草本园林植物的移栽和定植，操作规范、正确使用。

【工作内容】

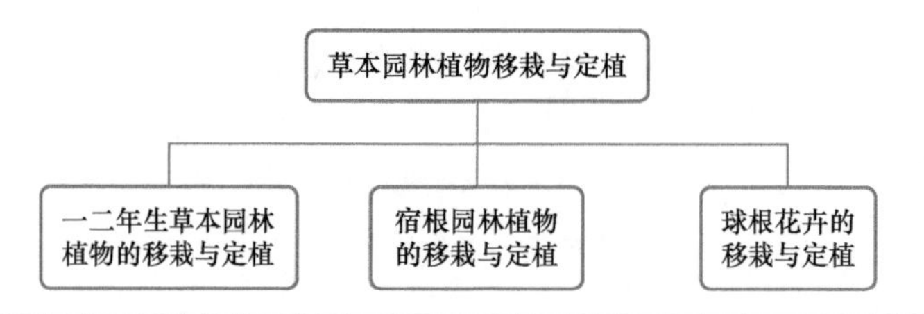

1.1.1 一二年生草本花卉的移栽与定植（耐移栽草花）

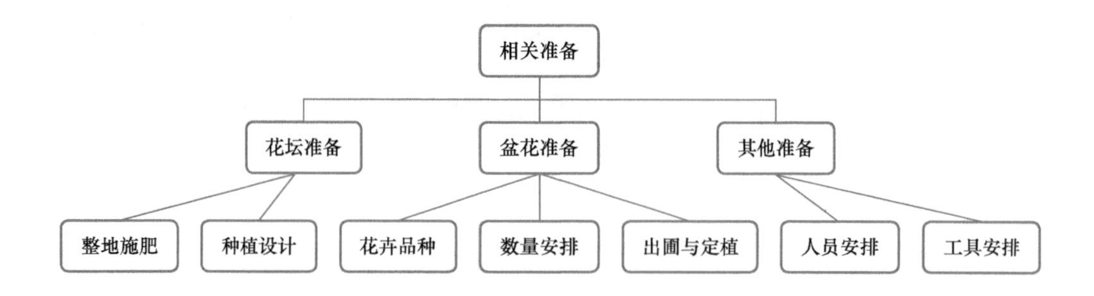

1. 准备工作

（1）花坛准备

在施工前要对场地进行熟悉，要了解设计需要花材、交通情况、所施工面积等。

整地施肥　首先应清理地面各种石块、砖头、杂草等，然后翻耕土壤，细碎土块，再进一步清理各种杂物，清理后可按每亩[①] 5 ～ 15kg 施入基肥，施肥后可利用机械进行旋耕使肥料与土壤结合，整地深度一般控制在 20 ～ 30cm。其次，整地的时间因栽植时间的不同而有差异。一般情况下，在花坛花卉种植前 3 ～ 5 天进行，也可根据天气情况进行调整，如雨后，土壤湿软可进行翻耕（图 1.1.1）。

地形准备　根据花卉种植前设计方案的要求进行花坛地形的布置，使用皮尺等工具按照图纸进行放样，再根据图形计算出面积，并计算出每一品种数量（图 1.1.2）。

图1.1.1　土地深翻

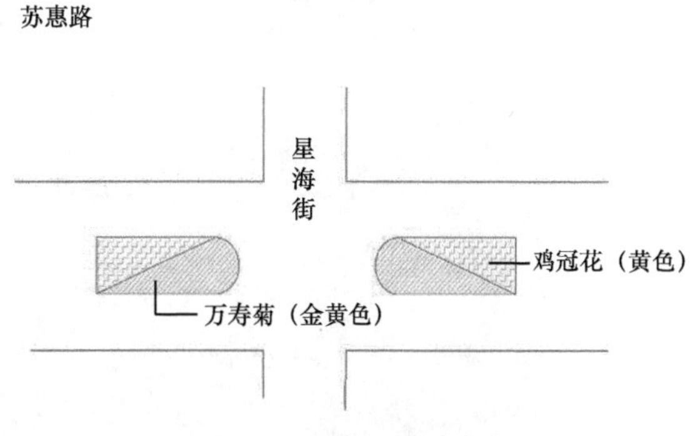

图1.1.2　花坛设计方案

（2）盆花准备

1）花卉品种的选择。

一二年生草本花卉种类繁多，特性各不一，同一品种的花卉在不同的季节表现不一，如孔雀草在春秋两季生长较好，而在夏季生长表现较差。不同季节选择同一品种的不同类型，如矮牵牛在春秋选择大花型较好，而在夏季选中小花型较好。

常见一二年生花卉的品种如下：

一年生花卉　一串红、矮牵牛、孔雀草、彩叶草、百日草、千日红、万寿菊、黄帝菊、香彩雀、长春花、凤仙花、夏堇等。

二年生花卉　三色堇、羽叶甘蓝、金盏菊、雏菊、红叶甜菜、金鱼草、紫罗兰等。

一二年生花卉常用季节如下：

五一　一串红、矮牵牛、孔雀草、四季海棠。

夏季草花　彩叶草、百日草、长春花、太阳花、黄帝菊。

十一　一串红、矮牵牛、孔雀草、彩叶草、百日草、长春花。

元旦　三色堇、羽叶甘蓝、金盏菊、雏菊、红叶甜菜、角堇。

2）种植密度。

一二生花卉目前使用较多是容器种植，生产上常选用的黑色营养钵进行种植，花盆的尺寸较多，春夏秋的花卉可选 12cm × 10cm 的规格进行种植，冬季生产可选稍小的进行种植。移栽的密度，因草本园林植物种类而异，生长速度快的密度应稀一些，生长慢的可以密一些；

① 1亩＝666.7m^2，全书同。

株型张度大的宜稀，株型紧凑的可以密一些。同时，根据植物栽培的季节进行调整，如夏天，盆花生长旺盛可稀植 49 株 /m^2，而秋冬，可密植 64 ～ 81 株 /m^2（图 1.1.3）。

图1.1.3　营养钵及种植密度

2. 出圃

出圃时间　一二年生花卉的生长周期较短，不同种类的花出圃时间不一，一是可根据市场需求进行出圃，如五一节等。二是根据花卉本身的生育期可推出花卉的大约出圃时间，一年生花卉生育期一般为 45 ～ 70 天，二年生花卉生育期为 60 ～ 90 天。

出圃的要求　一二年生草花出圃要求是株型整齐，无病虫害，整株要求达满盆或近满盆，无枯枝或死亡枝条等，花朵数量 2 ～ 3 朵为宜，出圃前一天要浇透水，以利运输。

出圃工具　为了方便运输，装花的工具主要有花托、运输架等。花托主要为 48cm × 48cm 的方形花托，颜色有白色、绿色、黑色。运输架主要用角铁焊制而成，花架大小主要是根据车辆大小及运输花卉品种而定，一般为 7 ～ 8 层，每层 30 ～ 35cm（图 1.1.4）。

图1.1.4　出圃工具

3. 移栽

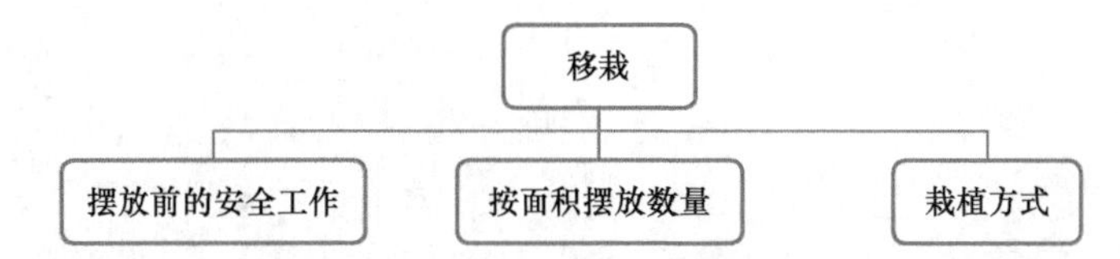

摆放前的安全工作　主要工作是现场的种植人员安全标识、车辆停放安全等。在花种植前要求工人，注意各类安全，穿戴好有明显标识的服装，如安全帽或背心等。运输车辆停放要安全停靠，车辆停靠后要放置安全警示牌，最好减少早晚高峰出行。

按面积摆放数量　要据根图纸要求进行花卉数量的摆放，生长速度快的密度应稀一些，生长慢的可以密一些；同时，根据植物栽培的季节进行调整，如夏天矮牵牛可稀植49～64株/m^2，而秋冬三色堇可密植64～81株/m^2。

栽植程序

1）如有图形先按照图形边界先定植好盆花。

2）开定植孔，孔的深度比盆花的深度略深。

3）脱去花盆，如是硬质花盆，可倒置盆花于食指与中指之间，然后轻扣花盆，使其与基质分离后移开，如是营养体可直接剥离。

4）放入盆花，使其盆花放在已开的定植孔中间，深度与穴孔平行或略深。

5）盆花四周填土并压实。

定植时依一定的株行距挖穴栽植，定植时不要按列阵式布置，这种方式不利保留水土，同时，间隙明显，不太美观。一般使用梅花式种植（图 1.1.5）。

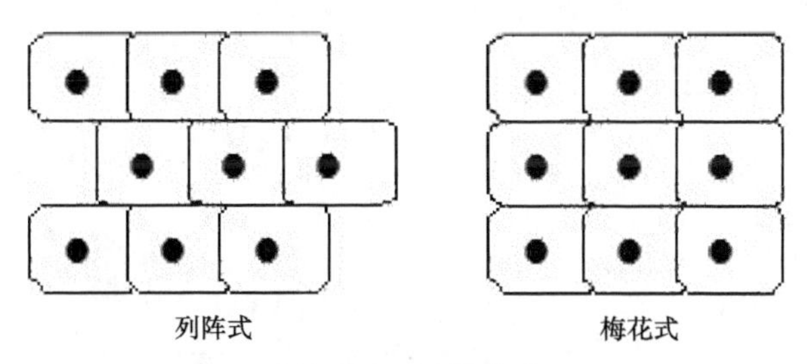

图1.1.5　栽植方式

栽植完毕后，用可喷雾式水枪进行充分浇水，高温干旱时，需边栽边浇水，同时避免中午高温时间段浇水。冬季浇水应避免晚浇，防冻害。浇水应选用喷洒式，而不能用浇灌式，防止刚种草花被冲死或冲出定植孔（图 1.1.6）。

定植后的管理要求

1）刚种植完的草花要及浇水，特别是近 3 ～ 5 天内要保证土壤的湿润。

2）等盆花缓苗后可减少浇次数。

3）及时清除花间杂草及病虫害防治。

4）对因生长过快造成花间过密时要及时清理植株。

5）对因种植后不能正常生长草花及时更换。

图1.1.6 种植流程图

4. 草花移植主要人工安排

1 人（熟练）/1 天（8 小时）种植草花 1000 ～ 1200 盆，所用工具主要为定植耙或定植锄（图 1.1.7）。

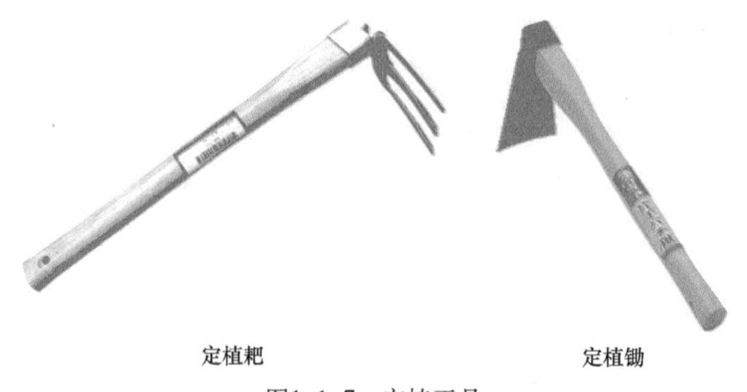

图1.1.7 定植工具

1.1.2　宿根园林植物的移栽与定植

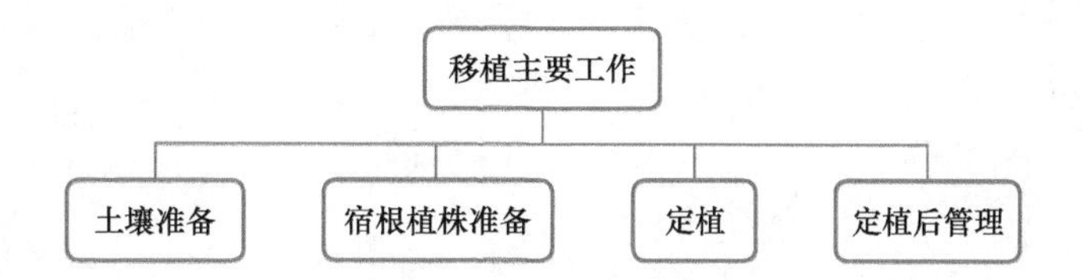

1. 土壤准备

要求根据土地进行整理（图 1.1.8），不积水，无大颗粒土块，无病虫草害，对土壤进行消毒（根灵 800 倍进行浇灌）。

图1.1.8　花坛整理

2. 宿根植物准备

1）宿根移植物前一天可适当浇水，但不可过多，以防水分过多后难以移栽。

2）如因在挖取过程中土球散落，要对根部进行沾浆处理。

3）挖取后要对根部进行伤口处理，主要用杀菌剂进行喷根处理或用杀菌剂和生跟剂结合处理（图 1.1.9）。

4）对根部产生的病虫枯死根系进行修剪。

5）为减少叶片的蒸腾，可适当进行植株的修剪（图 1.1.10）。

6）对一些棵型较大的植物可进行分株，2 ～ 3 芽为一丛（图 1.1.11）。

7）运输方式对一些耐压品开种如麦冬等可用袋装进行运输（图 1.1.12），对一些不耐压的品种如玉簪等可进行箱式运输。

图1.1.9　植株根系消毒

3. 定植

1）方式为穴孔定植，深度能够为植物根系舒展为宜。

2）其他程序和一二年生草花相似。

3）种植过程中深度以不淹没植物心叶为宜。

4）定植后进行浇水（图 1.1.13）。

定植后的管理比较简单。在春季新芽抽出时、花前、花后各追施肥料，可使植株生长茂盛、花多而大。在条件允许的情况下，可以在秋季叶枯

图1.1.10　植株适当修剪

图1.1.11　植株分株

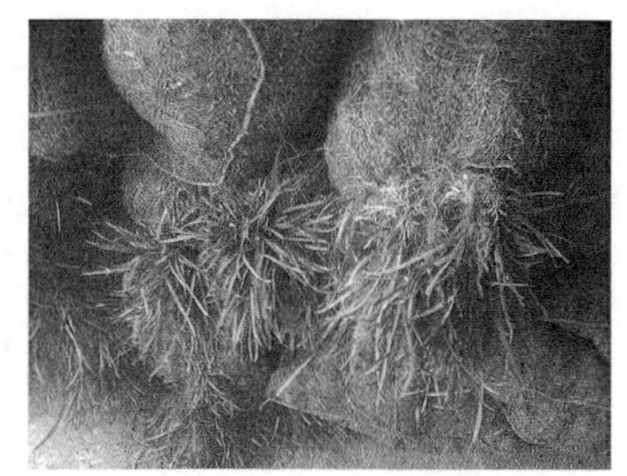

图1.1.12　袋式运输

梅花式穴孔种植

种后浇水

图1.1.13　种植及浇水

萎时，施入腐熟的有机肥。

由于宿根园林植物种植后形成商品种球生长年限较长，植株在原地不断扩大其营养面积，因此，需要根据其生长特点，设计出合理的种植密度。

1.1.3　球根花卉的定植

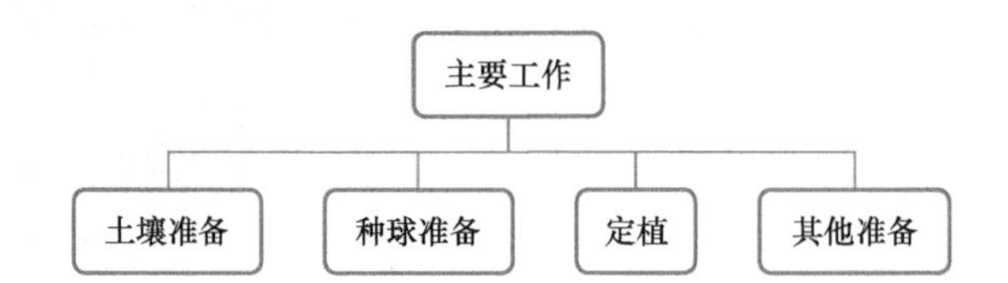

1. 土壤准备

球根花卉对整地、施肥、松土的要求较宿根花卉要高，喜土层深厚、疏松、透水性较好的沙壤土。因此，栽植球根花卉时土壤应适当深耕，有的可深达50cm左右，并通过施用有机肥料、掺和其他基质材料，改善土壤结构。施用于球根花卉栽培的有机肥料必须充分腐熟，否则会导致球根腐烂。对于营养元素结构，与其他草本园林植物显著不同的是，氮肥不宜多施，钾肥需要量中等，而磷肥对球根的充实和开花极为重要。要对土壤进行消毒。

2. 种前准备

（1）种球选择

一般的商品种球的大小在大于或等于 10cm 才能有观赏价值，如郁金香 >10cm，而风信子在 14cm 以上为宜，百合在 15cm 为宜。

种球选择应选择无病虫害、充实饱满的商品种球进行种植，特别要查看种球在运输过程中产生的机械损伤。

（2）种球准备

目前国内种植的球根花卉主要品种有：郁金香、百合、风信子、唐菖蒲、仙客来等（图1.1.14）。露地种植的品种主要为郁金香。

郁金香　　风信子　　百合

图1.1.14　种球

（3）种球处理

消毒　用百菌清 800 倍液进行 30 分钟的浸泡消毒，消毒后晾干备用，切不可图快放在阳光下晒干（图 1.1.15）。

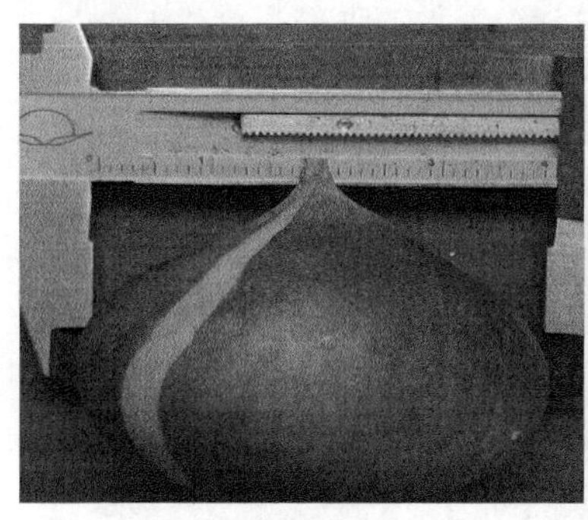

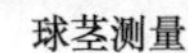

球茎测量　　种球消毒

图1.1.15　球茎测量及种球消毒

剥除外表皮　如郁金香、风信子等可去除外表皮（图 1.1.16）。

去除种球底盘的部分死鳞片以利生根，种球去皮的优点：

1）防止种植前种球消毒的药剂与根接触而引起的根伤害。

2）可较浅地种植，避免丝核菌属病菌对茎的侵害。

3）可促进根系均一的发育，从而使整个植株稳定生长和开花。

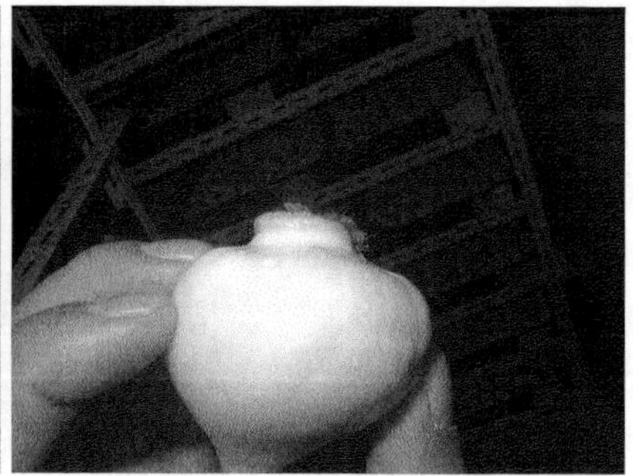

去皮前　　去皮后

图1.1.16　去干枯鳞片

4）可缩短在温室内的栽培时间3～4天。

5）被病菌感染的种球容易识别并去除。

缺点：

1）对种球损害的危险提高，尤其对根的伤害可能性大。

2）需要额外的劳动力。

清除残根　如百合种球是连根进行出售的，在贮藏中会有些腐烂，因此在种前要适当清理（图1.1.17）。

去除侧芽　郁金香、风信子等有些有侧芽品种要进行去除侧芽，以利主球集中养分（图1.1.18）。

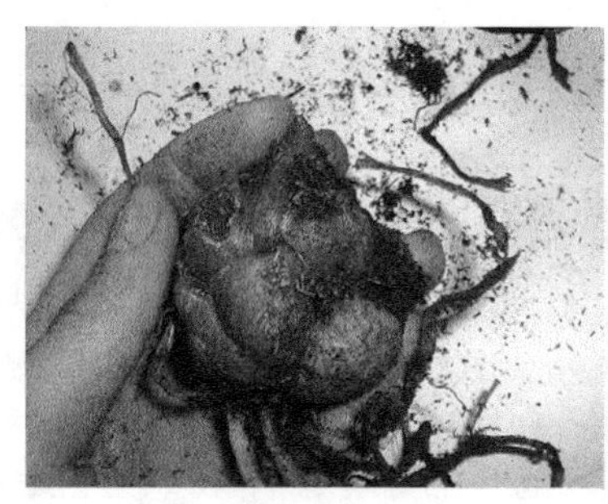

百合清理根部　　风信子清理根部

图1.1.17　枯根清理

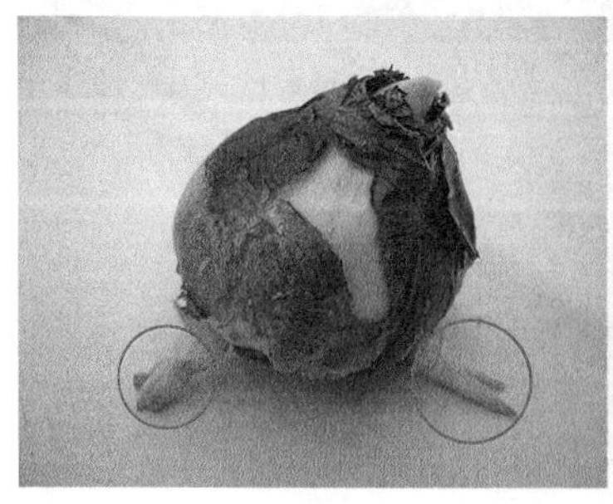
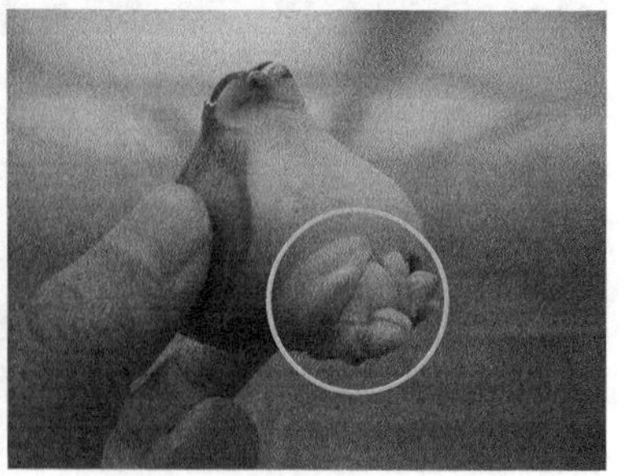

风信子侧芽　　郁金香侧芽

图1.1.18　去侧芽

3. 种植

种植方式　盆栽、地栽、水培（图 1.1.19～图 1.1.21）。

图1.1.19　百合盆栽

图1.1.20　郁金香地栽

图1.1.21　风信子水培

种植时间　春植、秋植。

春植球根：

生长发育过程：春季栽植→夏秋开花→花后种球形成、膨大而成熟→霜降时地上部茎叶停止生长而枯死→球根休眠

生长季节要求高温，耐寒力弱。如：唐菖蒲、美人蕉、大丽花和晚香玉等。花芽分化在生长期、即夏季高温时进行。

秋植球根：

生长发育过程：秋季栽培→次年春至初夏开花→花后种球形成、膨大而成熟→夏季高温地上部茎叶枯萎→球根休眠

耐寒，不耐高温。如：水仙、风信子、郁金香、小苍兰等。秋植球根花芽分化是在储藏期进行，即后熟作用（图 1.1.22）。花芽分化的温度不宜太高，一般 17～200℃。

种植深度　一般春植种植种球可稍加浅些，有利早出芽（2～3cm）；而秋冬栽培时（3～5cm）稍深些，有利保温。但有些品种如百合、风信子栽植可适当高出土面约 1/3。

种植方法　开定植孔或开定植沟，放入种球，填土便可，种完浇透水（图1.1.23和图1.1.24）。

图1.1.22　风信子和百合的栽培

图1.1.23　开定植沟定植

图1.1.24　定植完浇水

4. 栽后管理

一年生球根花卉栽植时土壤湿度不宜过大，湿润即可。种球发根后发芽展叶，正常浇水，保持土壤湿润。二年生球根应根据生长季节灵活掌握肥水原则。原则上休眠期不浇水，夏秋季休眠的只有在土壤过分干燥时才给予少量水分，防止球根干缩即可。生长期则应供应充足水分。

施肥一般在旺盛生长季节应定期施肥。观花类球根植物应多施磷钾肥，观叶类球根植物应保证氮肥供应，但是不能过度。喜肥的球根植物应稍多施肥料，休眠期不施肥。

特别提示

1. 球根栽植时应分离侧面的小球，将其另外栽植，以免分散养分，造成开花不良。

2. 球根花卉的多数种类吸收根少而脆嫩，折断后不能再生新根，所以球根栽植后在生长后期不能移栽。

3. 球根花卉多数叶片较少，栽培时应注意保护，避免损伤，否则影响光合作用，不利于开花和新球的生长，也影响观赏。

4. 花后要及时剪除残花，以减少养分的消耗，利于新球的充实，对枝叶稀少的球根花卉，应保留花梗，利用花梗的绿色部分合成养分供新球生长。

5. 开花后正是地下新球膨大充实的时期，要加强肥水管理。

考证提示

技能要求

1）能进行整地畦。

2）能进行草本园林植物的起苗、移栽与定植。

3）能进行种子的处理及播种。

4）能进行苗木的保活养护。

相关知识

1）整地的技术要点。

2）苗木起苗、移栽与定植的技术要点。

3）种子处理及播种技术要点。

4）草本园林植物移栽与定植后的养护管理知识。

实践案例

矮牵牛的栽培

本案例以苏州工业园区道路绿化为内容，要求在相关道路进行草花种植约 400m^2，需在 1 天内完成。

1. 准备工作

人员准备　共 8 人，主要工作为现场整理、放样、卸花、种植、卫生安全。

工具　定植耙 4 把、帚把 1 把、铁锹 4 把、垃圾袋 10 只、滑石粉 1 袋。

其他　国光根灵 2 袋、复合肥 15kg、安全警示标 2 只、水车 1 部。

草花品种　矮牵牛 3 色：大红、玫红、淡紫（2400 盆）。

2．工作安排

地块整理　平整土地，要求地面做成“馒头”状，四周略低于侧石，同时对上期残花进整理、施入肥料和土壤杀菌剂 400m^2，约 8 人，约需 2 小时。

放样　根据图纸进行放样 1 人约需 30 分钟。

摆放　要根据图形摆放花色约 45 分钟。

卸花　需要 4 人约 30 分钟。

种植　400m^2，种植 8 人，约需 4 小时。

3．种植步骤

人员到场　放置安全警示标，分配主要工作，交待安全注意事项，同时要求任务完成时间。

盆花进场　根据整地的情况联系盆花进场时间，盆花车辆进场后要求开启安全灯并放置警示标，同时，查看盆花质量和数量。

卸花　要根据现场花车盆花颜色的装车的先后顺序和放样安排，由 4 名工人进行盆花搬运，并直接卸到指定地点。

定植　在所有准备工作完成后，所有员工开始进行种植，6 个人进行定植，要求每人完成 600 盆花的定植任务，主要的方法用梅花式穴孔定植，另 2 人进行辅助工作，临时搬花和场地清理，同时要注意对花盆和花托的收集。

浇水　对于刚种植的草花第一浇水要浇透。

检查　浇完水后检查是否因浇水而引起的草花的倒伏，如有需要及时补种。

郁金香种球定植技术

根据要求种植盆栽郁金香 10 000 盆，布置校园绿化。定植完成后放置于校大棚管理。

1. 准备工作

人员安排　约需要 10 个人工，主要工作整理土壤，准备花盆、种球消毒等。

工具准备　小花铲 10 把、消毒桶 2 只、手套 10 双、营养钵（16×14）、土壤。

基质准备　国产泥炭 35 m^3、珍珠岩 5 m^3、细黄沙 5 m^3。

药品准备　进口百菌清 10 袋、国光根灵 20 袋。

种球准备　进口无病虫饱满的种球、因是来年布置，因此选球为常温球便可，数量 10 000 粒。

场地安排　学校大棚 400m^2。

2. 工作安排

基质搅拌并消毒　约 45m^3 基质，泥炭＋珍珠岩按 7∶1 的要求混合，每平方米基质

用根灵半袋进行消毒（图 1.1.25）。

种球消毒　用 75% 的百菌清 800 倍液进行 30 分钟消毒，晾干备用（图 1.1.26）。

图1.1.25　为土壤消毒剂

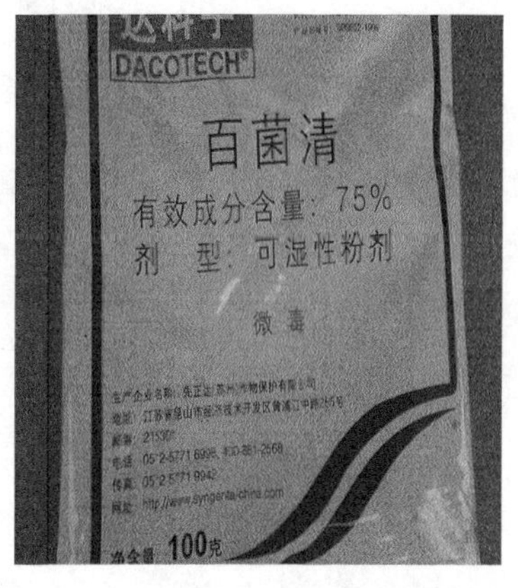

图1.1.26　种球消毒剂

场地消毒　用 3%～5% 浓度高锰酸钾对场地四周喷雾消毒，花盆用 3%～5% 浓度高锰酸钾浸泡消毒。

3. 种植安排

拌土　6 个人进行拌土，1 人对放置场地进行消毒、1 人对花盆消毒、2 人对种球消毒 1.5 小时，并要求基质含水量在 60% 左右。

装基质　把拌好的基质放入到花盆高度到达浇水线平行便可，再反装好的花盆放置到指定地点，约需 6 小时。

定植　把需要种植的种球放置到指定地点，然后，挖孔、放球，种植球时要把球放到花盆当中，先不要覆土，等全部种完后，最后覆盖黄沙，约 4 小时。

浇水　种植完后起先喷淋式浇水，因是草炭种植，浇水需要进行 2～3 次，才能完全透，约 30 分钟。

检查　检查因种植过浅的种球及时补种，并清理工作场地，约 30 分钟。

巩固训练

1. 以实训小组（3～5人）为单位，选择校园内及附近2～3个地块，制定草本园林植物移栽与定植方案。

2. 选择其中1～2个地块，选用方案实施。

要求：组内同学要分工合作，相互配合；草本园林植物选择要有代表性和针对性；方案制定要依据移栽与定植的工作流程，要保证成活率，要保证设备的完整性及人员的安全。

标准与规程

城市绿化工程施工及验收规范（节选）

（CJJ/T 82 — 1999）

4　种植材料和播种材料

4.0.1　种植材料应根系发达，生长茁壮，无病虫害，规格及形态应符合设计要求。

4.0.2　苗木挖掘、包装应符合现行行业标准《城市绿化和园林绿地用植物材料——木本苗》CJ/T34的规定。

4.0.3　露地栽培花卉应符合下列规定：

1. 一、二年生花卉，株高应为10～40cm，冠径应为15～35cm。分枝不应少于3～4个，叶簇健壮，色泽明亮。

2. 宿根花卉，根系必须完整，无腐烂变质。

3. 球根花卉，根系应茁壮、无损伤，幼芽饱满。

4. 观叶植物。叶色应鲜艳，叶簇丰满。

4.0.4　水生植物，根、茎发育应良好，植株健壮，无病虫害。

4.0.5　铺栽草坪用的草块及草卷应规格一致，边缘平直，杂草不得超过5%。草块土层厚度宜为3～5cm，草卷土层厚度宜为1～3cm。

4.0.6　植生带，厚度不宜超过1mm，种子分布应均匀，种子饱满，发芽率应大于95%。

4.0.7　播种用的草坪、草花、地被植物种子均应注明品种、品系、产地、生产单位、采收年份、纯净度及发芽率，不得有病虫害。自外地引进种子应有检疫合格证。发芽率达90%以上方可使用。

5　种植前土壤处理

5.0.1　种植或播种前应对该地区的土壤理化性质进行化验分析，采取相应的消毒、施肥和客土等措施。

5.0.2　园林植物生长所必须的最低种植土层厚度应符合表5.0.2的规定。

表5.0.2　园林植物种植必须的最低土层厚度

植被类型	草本花卉	草坪地被	小灌木	大灌木	浅根乔木	深根乔木
土层厚度/cm	30	30	45	60	90	150

5.0.3　种植地的土壤含有建筑废土及其他有害成分，以及强酸性土、强碱土、盐土、盐碱土、重黏土、沙土等，均应根据设计规定，采用客土或采取改良土壤的技术措施。

5.0.4　绿地应按设计要求构筑地形。对草坪种植地、花卉种植地、播种地应施足基肥，翻耕表土25～30cm，搂平耙细，去除杂物，平整度和坡度应符合设计要求。

11　草坪、花卉种植

11.0.1　草坪种植应根据不同地区、不同地形选择播种、分株、茎枝繁殖、植生带、铺砌草块和草卷等方法。种植的适宜季节和草种类型选择应符合下列规定：

1. 冷季型草播种宜在秋季进行，也可在春、夏季进行。

2. 冷季型草分株栽植宜在北方地区春、夏、秋季进行。

3. 茎枝栽植暖季型草宜在南方地区夏季和多雨季节。

4. 植生带、铺砌草块或草卷，温暖地区四季均可进行；北方地区宜在春、夏、秋季进行。

11.0.2　草坪播种应符合下列规定：

1. 选择优良种籽，不得含有杂质，播种前应做发芽试验和催芽处理，确定合理的播种量。

2. 播种时应先浇水浸地，保持土壤湿润，稍干后将表层土耙细耙平，进行撒播，均匀覆土 0.30 ～ 0.50cm 后轻压，然后喷水。

3. 播种后应及时喷水，水点宜细密均匀，浸透土层 8 ～ 10cm，除降雨天气，喷水不得间断。亦可用草帘覆盖保持湿度，至发芽时撤除。

4. 植生带铺设后覆土、轻压、喷水，方法同播种。

5. 坡地和大面积草坪铺设可采用喷播法。

11.0.3　草坪混播应符合下列规定：

1. 选择两个以上草种应具有互为利用、生长良好、增加美观的功能。

2. 混播应根据生态组合、气候条件和设计确定草坪植物的种类和草坪比例。

3. 同一行混播应按确定比例混播在一行内，隔行混播应将主要草种播在一行内，另一草种播在另一行内。混合撒播应筑播种床育苗。

11.0.4　分株种植应将草带根掘起，除去杂草后 5 ～ 7 株分为一束，按株距 15 ～ 20cm，呈品字形种植于深 6 ～ 7cm 穴内，再踏实浇水。

11.0.5　茎枝繁殖宜取茎枝或匍匐茎的 3 ～ 5 个节间，穴深应为 6 ～ 7cm，埋入 3 ～ 5 枝，其露出地面宜为 3cm，并踏实、灌水。

11.0.6　铺设草块应符合下列规定：

1. 草块应选择无杂草、生长势好的草源。在干旱地掘草块前应适量浇水，待渗透后掘取。

2. 草块运输时宜用木板置放 2 ～ 3 层，装卸车时，应防止破碎。

3. 铺设草块可采取密铺或间铺。密铺应互相衔接不留缝，间铺间隙应均匀，并填以种植土。草块铺设后应滚压、灌水。

11.0.7　种植花卉的各种花坛（花带、花境等），应按照设计图定点放线，在地面准确划出位置、轮廓线。面积较大的花坛，可用方格线法，按比例放大到地面。

11.0.8　花卉用苗应选用经过 1 ～ 2 次移植，根系发育良好的植株。起苗应符合下列规定：

1. 裸根苗，应随起苗随种植。

2. 带土球苗，应在圃地灌水渗透后起苗，保持土球完整不散。

3. 盆育花苗去盆时，应保持盆土不散。

4. 起苗后种植前，应注意保鲜，花苗不得萎蔫。

11.0.9　各类花卉种植时，在晴朗天气、春秋季节、最高气温 25℃以下时可全天种植；当气温高于 25℃时，应避开中午高温时间。

11.0.10　模纹花坛种植时，应将不同品种分别置放，色彩不应混淆。

11.0.11　花卉种植的顺序应符合下列规定：

1. 独立花坛，应由中心向外的顺序种植。

2. 坡式花坛，应由上向下种植。

3. 高矮不同品种的花苗混植时，应按先矮后高的顺序种植。

4. 宿根花卉与一、二年生花卉混植时，应先种植宿根花卉，后种植一、二年生花卉。

5. 模纹花坛，应先种植图案的轮廓线，后种植内部填充部分。

6. 大型花坛，宜分区、分块种植。

11.0.12　种植花苗的株行距，应按植株高低、分蘖多少、冠丛大小决定。以成苗后不露出地面为宜。

11.0.13　花苗种植时，种植深度宜为原种植深度，不得损伤茎叶，并保持根系完整。球茎花卉种植深度宜为球茎的 1～2 倍。块根、块茎、根茎类可覆土 3cm。

11.0.14　花卉种植后，应及时浇水，并应保持植株清洁。

11.0.15　水生花卉应根据不同种类、品种习性进行种植。为适合水深的要求，可砌筑栽植槽或用缸盆架设水中，种植时应牢固埋入泥中，防止浮起。

11.0.16　对漂浮类水生花卉，可从产地捞起移入水面，任其漂浮繁殖。

11.0.17　主要水生花卉最适水深，应符合表 11.0.17 的规定。

表11.0.17　水生花卉最适水深

类别	代表品种	最适水深/cm	备　注
沿生类	菖蒲、千屈菜	0.5～10	千屈菜可盆栽
挺水类	荷、宽叶香蒲	＜100	—
浮水类	芡实、睡莲	50～300	睡莲可水中盆栽
漂浮类	浮萍、凤眼莲	浮于水面	根不生于泥土中

相关链接

中国苗木网：http://www.miaomu.net/

园林苗圃育苗规程：www.docin.com/p-5953298.html/

南方地区苗木行情调查分析：www.hnmmw.com/show hdr.php

农博花木网站：http://flower.aweb.com.cn

习　　题

1. 草本花卉栽培的技术要点有哪些？
2. 草本花卉栽培的密度应如何控制？
3. 宿根花卉和球根花卉在栽培技术上有何异同？

任务1.2　木本园林植物移栽与定植

【任务描述】 木本园林植物是现代园林绿化工程的立体骨架材料，通过木本园林植物的移植和定植技术的学习，使同学们能掌握植物移栽前对植物常规修剪技术和种植后的养护工作。

通过任务的完成，明确木本园林植物在移栽和栽培各环节的技术要点。

【任务目标】 1. 掌握木本园林植物移植成活的原理。

2. 熟练掌握栽植过程中各工序的技术和方法。

3. 培养学生吃苦耐劳的精神，并能与组内同学分工协助，相互帮助，共同提高。

【材料及设备】 1. 苗木种植施工图、竖向设计图各一份。

2. 与苗木种植施工图相对应的苗木。

3. 修枝剪、手锯、测茎尺、锹、铁锹。

4. 支撑，橡皮管，老虎钳，铝合金梯子。

5. 绷带、扁担，草绳若干。

6. 水泵，浇水管道，喷壶。

7. 根据需要准备相应的起吊设备和运输设备。

【安全要求】 在大树移植过程中，可能会涉及大型机械的使用，在使用机械时，所有工作人员应远离吊车的作业半径，吊苗时应将绷带绑紧，待吊车挂钩到达目标处，再进行操作，同时应密切注意吊车司机和周围指挥人员的手势。

【工作内容】

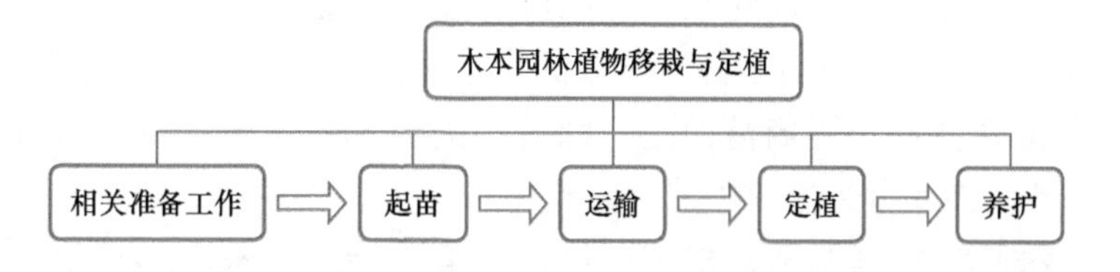

1.2.1　相关准备工作

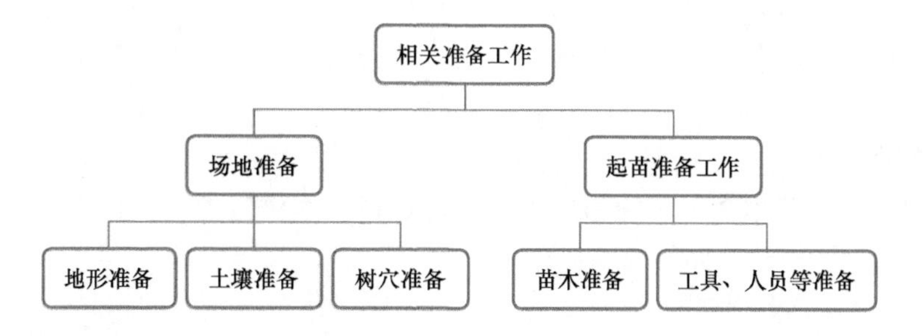

1. 场地准备

作为项目施工人员，在施工前应了解园林植物种植设计意图，向设计师了解设计思想，以及苗木种植后所达到的效果，同时要通过设计单位和甲方了解工程概况。

（1）地形准备

场地平整作为整个园林植物栽植项目的一个重要环节，应根据植物种植要求，对现场进行清理，拆除或清除有碍施工的障碍物，然后按照竖向设计图进行整理地形，整地可以利用人工整理，也可以机械整理，应根据现场情况合理选择。必须使栽植地与周边道路、设施等的标高合理衔接，排水降渍良好，并清理有碍树木栽植的建筑垃圾和其他杂物。

（2）土壤准备

通常情况下，园林场所的土壤在物化条件上与树木原生环境迥异，当土壤条件不适时，树体生长活力减退、外表逊色，且易受病虫的侵害。栽植前对土壤进行测试分析，明确栽植地点的土壤特性是否符合栽植树种的要求、是否需要采用适当的改良措施，是十分必要的。若栽植地的土质比较差，但植物基本能正常生长时采用改土。常用的改土方法是：若土壤黏土过重，则在土壤中掺入沙土或适量的腐殖质；若土壤偏酸性或偏碱性，则可施用石灰或酸性肥料加以调节；若土壤较贫瘠，则可在栽植土中拌入一定比例的腐熟有机肥。若土壤完全不适合植物生长，则可以采用客土。

（3）定点放线和树穴开挖

行道树的定点放线，一般以路牙或道路中轴线为依据，多要求两侧对仗整齐。对设计图纸上无精确定植点的树木栽植，特别是树丛、树群，可先划出栽植范围，具体定植位置可根据设计思想、树体规格和场地现状等综合考虑确定。一般情况下，以树冠长大后株间发育互不干扰、能完美表达设计景观效果为原则。

乔木和灌木类栽植树穴的平面形状没有硬性规定，多以圆、方型为主，以便于操作为准，可根据具体情况灵活掌握，树穴的大小和深浅应根据树木规格和土层厚薄、坡度大小、地下水位高低及土壤墒情而定；绿篱类的界木树穴的挖掘前应深挖土壤，使土壤疏松，开挖成条状沟或者边挖穴边栽植。

栽植穴深层土壤病菌多，根切口易受感染，导致烂根，影响根系的呼吸、吸收和传导；用土壤消毒颗粒剂对栽植土壤进行杀菌消毒处理，防治根部腐烂。

2. 起苗相关准备工作

栽植的树种必须符合设计所要求的规格，在植物种植前，应对照苗木施工种植图，对苗木的来源、繁殖方法和质量状况必须进行认真调查；对人员安排、工具机械的准备工作要合理安排。

（1）苗木的准备

应根据图纸上的苗木清单和规格要求，就近选择苗木供应商，使树木达到当天挖，当天运和当天栽。

苗木的来源　苗木的来源和其成活率有巨大的关联性，目前园林中栽植的苗木主要有以下三种：当地苗圃培育苗、野外搜集或山地苗和容器苗。

当地苗圃培育苗　这类苗木对当地的气候条件比较适应，同时苗圃中的苗木经过多次移栽后，主根去除，侧根比较发达，所以苗木质量较高，但在使用时注意辨别树种或品种的真伪。苗木应是经过移植培育、在圃5年生以下的苗木，移植培育至少1次，5年生以上（含5年生）的必须经1～2次移植，这样的苗木可优先选用。

野外搜集或山地苗　应经苗圃养护培育3年以上，适应当地环境和生长发育正常后才能应用。在移植到新的地点后，可以很快的发挥景观和生态功能，但这些苗木根系长而稀，须根少而杂乱，对于这类苗木应根据具体情况采取有力措施，做好移栽前的准备工作和移栽后的养护工作。

容器苗　近年来容器苗定植已在庭院、花园、公园和某些企事业单位应用。这些容器苗木都是在销售或露地定植之前的一定时期，将苗（树）木栽植在竹筐、瓦缸、木箱或金属及尼龙网等容器内培育而成的。经容器栽培的苗木可带容器运输到现场后从容器中脱出。也可先从容器脱出后运输，只要进行适当的水分管理，不要另行包装就可以获得很好的移栽效果。容器苗主要缺点是苗木的规格受到限制，一般苗木3m高时，苗木就显得大而笨重，处理不方便；其次会出现苗木根系在容器内盘旋生长现象，栽植时应将盘旋的根展开，可减少根系枯死和以后的根环束现象。

苗木的质量　苗木的质量直接影响工程的质量、成活率、养护成本及景观效果，在选购苗木时应就近选择，植物因适应当地环境，能很快成活，所以必须就近选择优良苗木。

随着国际和地区间的种质交换日益频繁，树木病虫害的传播也日益严重。为此，各国和各地区都制定了严格的种苗检疫制度，以阻止严重感病虫的树木、特别是带有检疫性病虫的种苗出入境。外地苗木进入应经法定植物检疫主管部门检验，签发检疫合格证书后，方可应用（图1.2.1）。

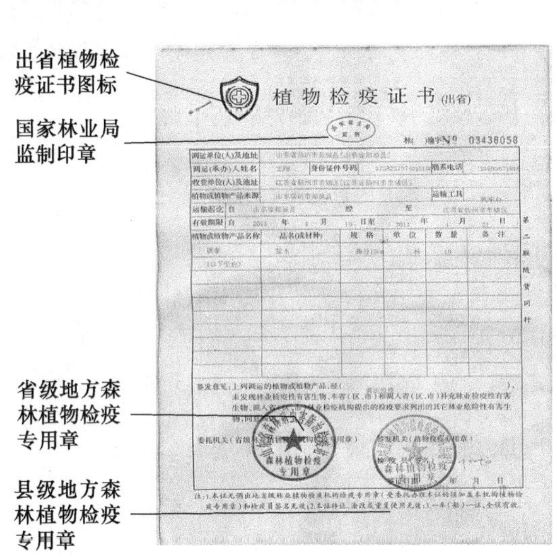

图1.2.1　植物检疫证书

苗木的规格　植物的年龄对栽植的成活率有很大影响，并且与成活后的适应性和抗逆性有关。

幼年的苗木　因植株较小，根系分布范围较小，起挖时的损伤率也比较低，栽植过程也比较简便，成活率也比较高，大大节约施工成本。但由于植株小，抗性弱，易受人畜的损伤，尤其在城市环境，更容易受到人为的损伤，及不适应城市环境，甚至造成植株死亡，影响绿化效果的发挥。

壮龄、老龄苗木　因根系分布深、广，在苗木起挖时伤根率较高，若栽植措施不当，可能会影响成活率，对挖、包、运及养护技术要求较高，必须带土球移植，施工、养护的成本也很高。但壮龄、老龄苗木树体高大，树形优美，栽植成活后能很快发挥绿化效果，在重点工程特殊需要时，可以适当使用，但必须采取完善的措施。

（2）工具、人员等相关准备工作

目前苗木的起挖主要以人工为主，每个工人应配备铁锹、铁锹、修枝剪、手锯各一把；在土球的捆扎过程中需要草绳若干；大规格苗木的上车需要吊车（根据苗木的数量确定吊车的台数），运输过程应配备卡车；小规格苗木则人工抬即可，需要绷带和扁担等工具。

特别提示　新工人安全、文明教育培训

1. 新工人进入工地前必须认真学习本工种安全技术操作规程。未经安全知识教育和培训，不得进入施工现场操作。

2. 在没有防护设施的2米高处，施工作业必须系好安全带。

3. 高空作业时，不准往下或向上抛材料和工具等物件。

4. 不懂电器和机械的人员，严禁使用和玩弄机电设备。

5. 危险区域要有明显标志，要采取防护措施，夜间要设红灯示警。

6. 在操作中，应坚守工作岗位，严禁酒后操作。

7. 特殊工种（电工、焊工、司炉工、爆破工、起重及打桩司机和指挥、架子工、各种机动车辆司机等）必须经过有关部门专业培训考试合格发给操作证，方准独立操作。

8. 施工现场禁止穿拖鞋、高跟鞋、赤脚和易滑、带钉的鞋和赤膊操作。

9. 施工现场的洞、坑等危险处，应有防护措施并有明显标志。

10. 任何人不准向下、向上乱丢材、物、垃圾、工具等。不准随意开动一切机械。操作中思想要集中，不准开玩笑，做私活。

11. 工具用好后要随时装入工具袋。

12. 从事高空作业的人员，必须身体健康，严禁患有高血压、贫血症、严重心脏病、精神疾病、癫痫病、深度近视在500 度以上人员，以及经医生检查认为不适合高空作业的人员，不得从事高空作业，对井架、起重工等从事高空作业的工种人员要每年体检检查一次。

1.2.2　起苗

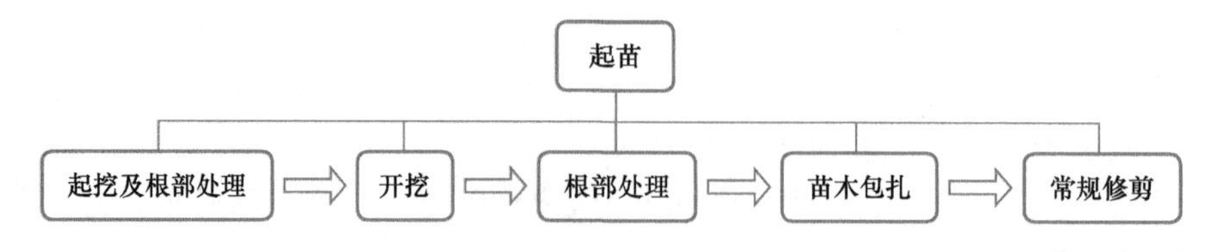

1. 带土球苗的起挖

一般常绿树、名贵树和花灌木的起挖要带土球。

确定土球大小　土球的大小与树的品种、修剪量、移栽季节、土壤等因素有很大关系，土球直径最小为胸径的6～8倍，如条件允许，10～12倍的土球直径效果更佳，土球高度通常为土球直径的2/3，为防止挖掘时土球松散，如遇干燥天气，可提前一两天浇以透水，以增加土壤的黏结力，便于操作。

开挖　开挖前先将树木周围无根生长的表层土壤铲去，然后以树干为中心，按比土球直径大3～5cm的要求画一圆圈，沿圆圈挖宽约70cm左右的操作沟，其深度为160cm。土球初步成型后进行削圆处理，将土球修整光滑，并在底部削一平底。开挖过程中，遇到细根用铁锹斩断，胸径3cm以上的粗根则须用手锯断根，不能用锹斩，以免震裂土球、影响土球质量（图1.2.2和图1.2.3）。

图1.2.2　土球大小的确定及开挖位置

图1.2.3　土球的修整

根部处理　大树根被切断后，伤口易受病菌感染、容易腐烂，影响成活率。用防腐剂对根切口进行杀菌消毒，防止烂根；同时，用生根剂激活根髓组织的活力、促进伤口的愈合，快速生根。

土球包扎　挖到要求的土球高度时，用预先湿润过的草绳、蒲包片、麻袋片等软材包扎。江南一带一般仅采用草绳直接包扎，只有当土质松软时才加用蒲包、麻袋片包裹。土球包裹完毕将大树推倒，切除土球底部的根系（图1.2.4）。很多苗木供应商确保苗木在吊装和卸苗时减少树体损伤，大都会进行苗木裹干。

图1.2.4　根部处理

常规修剪　树木移栽过程中为保证树木成活，必须使树体水分平衡，必须对树木进行常规修剪，首先根据树木种植图确定苗木的高度（图1.2.5），然后进行树冠内瘦弱枝、枯死枝和多余枝条的修剪（图1.2.6），树冠外围不得随意修剪，以免影响苗木的规格。但有些甲方和监理方需要全冠移植，到现场验收后再进行修剪（图1.2.7）。

图1.2.5　土球包裹示意

图1.2.6　苗木定高

图1.2.7　常规修剪

2. 裸根苗的起挖

裸根苗适用于休眠状态的落叶乔、灌木以及易成活的乡土树种，由于根部裸露，容易失水干燥，且易损伤弱小的须根，其树根恢复生长需较长时间。最好的掘苗时期是春季根系刚刚活动、枝条萌芽之前。当地乡土树种也可秋季掘苗栽植。

（1）准备工作

灌水　苗木生长土壤过于干燥应先浇水，反之土质过湿则应设法排水，以利操作。

捆拢　对于冠丛庞大的灌木，特别是带刺的灌木（如花椒、玫瑰、黄刺玫等），为方

便操作，应先用草绳将树冠捆扰起来，但应注意松紧适度，不要损伤枝条。

试掘 因不同苗木、不同规格根系分布规律不同，为保证挖掘的苗木根系规格合理，特别是对一些不明情况地区所生长的苗木，在正式掘苗之前，最好先试掘几株。

（2）掘苗方法及技术要求

裸根苗木掘苗的根系幅度 落叶乔木应为胸径的8～10倍，落叶灌木可按苗木高度的1/3左右。注意尽量保留护心土。

包装保护 掘后如长途运输，根系应作保温处理，如沾泥浆、沾保水剂等，也可用湿麻袋、塑料膜等进行保湿外包装；树干则用草绳包裹。

特别提示 裸根苗木掘苗的操作规范

挖苗工具要锋利，从四周垂直挖掘，侧根全部挖断后再向内掏底，将下部根系铲断，轻轻放倒，留适量护心土。遇粗大树根用锯锯断，要保护大根不劈不裂，尽量多保留须根（图1.2.8）。

图1.2.8 芍药裸根苗的护心土

特别提示

苗木掘出后如不能及时运走，或到工地后不能立即栽植，应进行假植处理。假植时间过长，应适量灌水保持土壤湿度。

苗木在出圃或栽植前的一种临时保护措施。将不能立即定植的苗木集中成束成排地埋植在湿润的土中，目的是防止苗木根系失水干枯而降低成活率。对于易受冻害的苗木，虽未达到出圃的时期，秋季也可掘起假植，以便设障防寒。假植还有抑制萌发的作用，对于萌发早，易受晚霜危害的苗木，可利用假植来延迟萌发期。

苗木假植方法：苗木假植就是用湿润的土壤对根系进行暂时的埋植处理，分为临时假植和越冬假植两种：临时假植适用于假植时间短的苗木。选背阴、排水良好的地方挖一假植沟，沟深宽各为30～50cm，长度依苗木的多少而定。将苗木成捆地排列在沟内，用湿土覆盖根系和苗茎下部，并踩实，以防透风失水；越冬假植适用于在秋季起苗，需要通过假植越冬的苗木。在土壤结冻前，选排水良好背阴、背风的地方挖一条与当地主风方向垂直的沟，沟的规格因苗木大小而异。假植1年生苗一般深宽30～50cm，大苗还应加深，迎风面的沟壁做呈45°的斜壁，然后将苗木单株均匀地排在斜壁上，使苗木根系在沟内舒展开，再用湿土将苗木根和苗茎下半部盖严、踩实，使根系与土壤密接。

注意事项：

1. 假植沟的位置：应选在背风处以防抽条；背阴处防止春季栽植前发芽，影响成活；选地势高、排水良好的地方以防冬季降水时沟内积水。

2. 根系的覆土厚度：一般覆土厚度在20cm左右，太厚费工且容易受热，使根发霉腐烂；太薄则起不到保水、保温的作用。

3. 沟内的土壤湿度：以其最大持水量的60%为宜，即手握成团，松开即散。

4. 覆土中不能有夹杂物：覆盖根系的土壤中不能夹杂草、落叶等易发热的物质，以免根系受热发霉，影响苗木的生活力。

5. 边起苗边假植，减少根系在空气中的裸露时间：这样可以最大限度地保持根系中的水分，提高苗木栽植的成活率。

1.2.3　运输

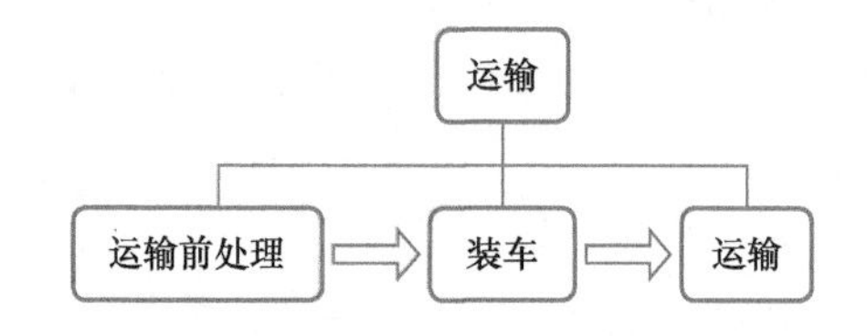

1. 苗木运输前处理

装车前的检验　运苗装车前须仔细核对苗木的品种、规格、数量、质量等。

（1）土球吊装及处理

因土球在起吊和运输过程中，因其球状，会滚动，容易使土球破散，所以必须对其做一定的处理。首先应确定起吊位置，根据土球和枝冠大小选准起吊部位，即找到树木的重心；其次起吊部位的防破损处理，如包扎草绳，在颈基部和树干的起吊位置包扎厚60～70cm的草绳保护树干或采用宽型的绷带进行吊装（图1.2.9）。

图1.2.9　起吊位置的确定

（2）裸根苗和小苗运输前处理

裸根苗在运输前一般在树冠梳理的基础上，加上在根部做好保湿处理即可；规格较小的裸根苗木远途运输时可采用卷包：将枝梢向外、根部向内，并互相错行重叠摆放，以蒲包片或草席等为包装材料，再用湿润的苔藓或锯末填充树木根部空隙。将树木卷起捆好后，再用冷水浸渍卷包，然后启运。使用此法时需注意：卷包内的树木数量不可过多，迭压不能过实，以免途中卷包内生热。打包时必须捆扎得法，以免在运输中途散包造成树木损失。卷包打好后，用标签注明树种、数量以及发运地点和收货单位地址等。

2. 装车

大规格苗木在装车需要采用起重设备，用塑料带套牢木板后吊起，尽量让大树在空中保持平稳，在苗木放置前要在苗木根部垫上湿沙袋或软物。装车时轻放，以免使树木根部受损，同时用软物将树体垫高，尽量不让树冠与地面接触，以免损伤树皮。在土球两侧垫沙包，防土球滚动；在土球与车身的接触处用沙包塞紧，防土球松散。再用绳索紧紧固定土球和树干。裸根苗同样将树根部固定，同时在树根下垫草垫等软质材料，以免损伤根系（图1.2.10～图1.2.12）同时用绳子适度内拉枝（图1.2.13），减少枝叶与空间的接触面，防止水分过度散失和便于运输。

图1.2.10　苗木起吊

图1.2.11　树干垫高

图1.2.12　树的固定

图1.2.13　枝条内收

特别提示　重吊装“不吊”规定

1. 起重臂吊起的重物下面有人停留或行走不准吊。
2. 起重指挥应由技术培训合格的专职人员担任，无指挥或信号不清不准吊。
3. 六级以上强风区不准吊。
4. 超过起重机限额不准吊。
5. 被吊植物在绷带没有捆紧且绑捆工作人员未离开起重机作业半径不得起吊。

3. 运输

（1）土球苗的运输

通常将大树土球在前、树冠向后放在车辆上，以避免运输途中因逆风而使枝梢翘起折断。运输过程中的保水措施：在运输中搭建遮阳网；根系表面敷保湿垫（湿麻袋），防晾根；喷抑制蒸腾剂减弱蒸腾，减少水分散失；一般选择在傍晚或阴天运输。运距较远的露根苗，为了减少树体的水分蒸发，车装好后应用苫布覆盖。对根部特别要加以保护，保持根部湿润。必要时，可定时对根部喷水。

（2）裸根苗运输

乔木和丛生灌木　装运时树根应在车厢前部，树梢朝后，顺序排列；车后厢板和枝干接触部位应铺垫蒲包等物，以防碰伤树皮；树梢不得拖地，必要时要用绳子围拢吊起来，捆绳子的地方需用蒲包垫上；装车不要超高，压得不要太紧。如超高装苗，应设明显标志，并与交通管理部门进行协调；装完后用苫布将树根部位盖严并捆好，以防树根失水。

绿篱小苗的运输　运输主要有卷包和装箱两种方式。

卷包：适宜规格较小的裸根树木远途运输时使用。将枝梢向外、根部向内，并互相错行重叠摆放，以蒲包片或草席等为包装材料，再用湿润的苔藓或锯末填充树木根部空隙。将树木卷起捆好后，再用冷水浸渍卷包，然后启运。使用此法时需注意：卷包内的树木数量不可过多，迭压不能过实，以免途中卷包内生热。打包时必须捆扎得法，以免在运输中途散包造成树木损失。卷包打好后，用标签注明树种、数量、以及发运地点和收货单位地址等。

装箱：若运距较远、运输条件较差，或规格较小、树体需特殊保护的珍贵树木，使用此法较为适宜。在定制好的木箱内，先铺好一层湿润苔藓或湿锯末，再把待运送的树木分层放好，在每一层树木根部中间，需放湿润苔藓（或湿锯末等）以作保护。为了提高包装箱内保存湿度的能力，可在箱底铺以塑料薄膜。使用此法时需注意：不可为了多装树木而过分压紧挤实；苔藓不可过湿，以免腐烂发热。目前在远距离、大规格裸根苗的运送中，已采用集装箱运输，简便而安全。

1.2.4　定植

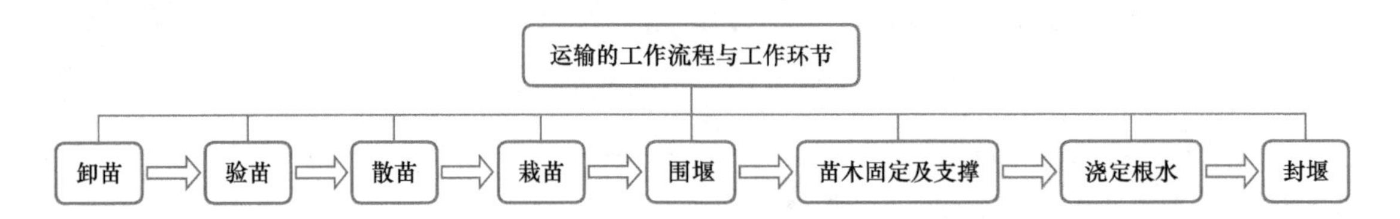

1. 卸车

苗木到达施工现场后，按品种分开卸车，卸车时要轻拿轻放。要从上向下顺序拿取，不准乱抽，更不能整车推下。

2. 验苗

苗木进场后，项目经理应组织监理人员进行现场验苗，主要校验苗木的品种、规格是否符合图纸要求，苗木的土球是否松散，苗木裹干是否均匀。

乔木主要检查部位：土球是否完好，树皮是否完好，苗木干茎、高度、冠幅、树型是否符合图纸要求；灌木主要检查高度、分枝和冠幅，同时品种要正确。

3. 散苗

根据种植施工图上苗木品种、规格要求，将苗木运到指定的树穴或划定的种植范围附近。

4. 栽苗

树木定植时，应注意将树冠丰满完好的一面，朝向主要的观赏方向，如入口处或主行道。若树冠高低不匀，应将低冠面朝向主面，高冠面置于后向，使之有层次感。在行道树等规则式种植时，如树木高矮参差不齐、冠径大小不一，应预先排列种植顺序，形成一定

的韵律或节奏，以提高观赏效果。如树木主干弯曲，应将弯曲面与行列方向一致，以作掩饰。对人员集散较多的广场、人行道，树木种植后，种植池应铺设透气护栅。

（1）带土球苗的定植

解绳及处理　一般情况下，土球放下后应及时解除草绳等包扎材料，解绳时尽量不造成土球松散。

回填土与土球周围垫土　树木栽植入穴后，尽量拆除草绳、蒲包等包扎材料，填土时每填20～30 cm用铁锹面朝土球，往土球底部铲几次，黏土切不可用铁锤或棍子捣实，以免造成根部土壤空隙和损伤土球。

（2）裸根苗的定植

先将苗放入坑中扶直，将坑边的好土填入，填土到坑的一半时，用手将苗木轻轻往上提起，使根颈部分与地面相平，让根系自然在下舒展开来，然后用脚踏实土壤，继续填入好土，直到填满后再用力踏实或夯实一次，用土在坑的外缘做好浇水堰。

5. 围堰

在树苗栽好后，在树穴周围用土筑成高10～30cm的土围，其内径要大于树穴直径，围堰要筑实，围底要平，用于浇水时挡水用（图1.2.14）。

6. 苗木固定及支撑

大树栽植后应立即支撑固定，预防歪斜。正三角撑最有利于树体固定，支撑点在树体高度2/3处为好，支柱根部应入土中20～50cm，方能固着稳定。井字四角撑，具有较好的景观效果，也是经常使用的支撑方法（图1.2.15）。

图1.2.14　围堰

图1.2.15　设立支撑

裸根树木栽植常采用标杆式支架，即在树干旁打一杆桩，用绳索将树干缚扎在杆桩上，缚扎位置宜在树高1/3或2/3处，支架与树干间应衬垫软物。50cm高以下的小苗不需要搭支撑。因土壤松软沉降，树体极易发生倾斜倒伏现象，一经发现，需立即扶正。扶树时，可先将树体根部背斜一侧的填土挖开，将树体扶正后还土踏实。

特别提示

常绿乔木和干径较大的落叶乔木，在起苗时或定植后需进行裹干，即用草绳、蒲包、苔藓等具有一定的保湿性和保温性的材料，严密包裹主干和比较粗壮的一、二级分枝。经裹干处理后：

一可避免强光直射和干风吹袭，减少干、枝的水分蒸腾；

二可保存一定量的水分，使枝干经常保持湿润；

三可调节枝干温度，减少夏季高温和冬季低温对枝干的伤害。

7. 浇定根水

栽植完毕后，在围堰内浇透定植水，新植大树的根系吸收功能减弱，对土壤水分需求量较少。因此，只要土壤适当湿润即可。要严格控制土壤浇水量，定根水采取大水在根部冲灌，使土壤紧密接触土球，然后采取小水慢浇的方法，第一次定根水浇透后，间隔2～3天后浇第二次定根水，隔一周后浇第三次水，水后及时封堰，以后视天气情况、土壤质地、检查分析，谨慎浇水，做到干透浇透的原则，对于夏季必须保证10～15天浇一次水（雨季除外），注意松土，防止树池积水淹根。如果是夏季栽植，在浇定根水时应将树冠和树干均喷水，以利于保湿。

8. 封堰

树木浇2～3遍水之后，待充分渗透，用细土封堰，填土20cm，保水护根以利成活。

1.2.5　新植苗木养护

1. 土壤通气

保持良好的土壤透气性，有利于树木根系的萌发。一般要做好及时中耕松土、防止土壤板结，有条件的最好在大树附近设置通气管。

2. 施肥

大树移植初期，根系吸收能力差，不宜进行地面施肥。

叶面施肥　一般在栽后15～20天用尿素、硫酸铵、磷酸二氢钾，也可用氨基酸螯合液肥如稀施美等速效肥料配置成低浓度的溶液喷施，每15天左右一次。

输液方法　用无线充电电钻在树干的根颈部或主干的中上部钻孔，通过挂吊带或插瓶输液给大树及时补充生长所需的养分、水分。待确定根系已萌发后，可进行土壤施肥，施肥时做到薄肥勤施，防止肥大烧根。

3. 保湿降温措施

树干保湿　为防止树体水分蒸腾过大，可用蒲包、草绳、苔藓等软材料将树干全部包裹至一级主枝，具有一定的保温保湿性；塑料膜只适合休眠期，通气性差，不利于枝干的

呼吸作用，夏季高温时，内部热量难以及时散发，会灼烧树干、隐芽。

树冠保湿　大树树干及叶面蒸腾作用易失水，必须及时进行树体喷雾保湿，每天可喷4～5次，早晚1次，中午2～3次，水滴要求细而均匀，所喷时间不宜过长。也可采用“吊瓶输液法”漫漫注入。

搭棚遮荫　生长季节移植，应搭建遮荫棚，减弱树体蒸腾，要求荫棚上方及四周与树冠间保持50cm左右的距离，以保证棚内的空气流通，遮阳度为70%左右。

4. 雨后检查

对新植树木，在下过一场透雨后，必须进行一次全面的检查，发现树体已经晃动的应紧土夯实；树盘泥土下沉空缺的，应及时覆土填充，防止雨后积水引起烂根。

5. 防冻

由于新植的大树枝梢、根系萌发较晚，年生长周期短，积累的养分少，因而组织木质化程度相对较低，不充实，易受低温危害，应防冻保温。在入秋后要控制氮肥、水分，增施磷钾肥，或通过吊注法输入含有糖分的多种营养物质，并逐步拆除荫棚，延长光照时间，提高光照强度，以增加树体内细胞质浓度，提高枝干组织的木质化程度，增强树体的抗寒能力；在入冻寒潮来临前，采取覆土、裹干、设立风障等方法作好树体的保温工作；在树体落叶前、树体休眠前、寒潮到来前、霜冻时及冻害后使用抗冻剂（冻必施），诱导产生抗冻因子、降低成冰蛋白活性，增加树体热量，提高树体的抗冻能力。注：当气温回升平稳在5℃以上，应解除塑料膜。

考证提示

技能要求

1）能进行苗木的裸根和土球起苗。

2）能进行苗木的土球包扎、运输和假植。

3）能进行苗木的栽植和保活养护。

4）能制定大树移植计划并进行大树移植。

5）能进行大树移植后的养护。

相关知识

1）苗木起苗的技术要点。

2）苗木包扎、运输和假植的技术要点。

3）苗木栽植的技术要点。

4）大树移植的程序及方法要求。

5）大树移植后的养护管理知识。

实践案例　银杏的大树栽植与色块的种植

银杏的大树栽植

本案例节选扬州市广陵区“京杭之心”四号图纸的部分种植内容（图 1.2.16），按照施工进度，需要 2 天内完成 16 株银杏大苗（规格为高度 500 ～ 600cm，胸径 24 ～ 28cm，蓬径 400 ～ 450cm）的栽培任务，目前施工现场未作任何准备，为确保施工进度，做出如下具体安排：

1. 准备工作

人员准备　场地整理、挖坑、栽植组共 5 人，搭支撑 3 人，浇水养护组 3 人。

机械准备　吊车 1 台（16t）。

工具　铁锹 4 把，铁锹 4 把，浇水工具 1 套，电转 1 把，支架若干，铁丝若干，老虎钳 3 把，大桶 1 个，称量工具。

药物准备　国光施它活若干，树动力 2 号若干。

银杏　16 株，在苗木起挖后，要求苗木供应商将银杏的叶片全部打去，并进行适当的修剪，切记不可修剪苗木的顶芽。

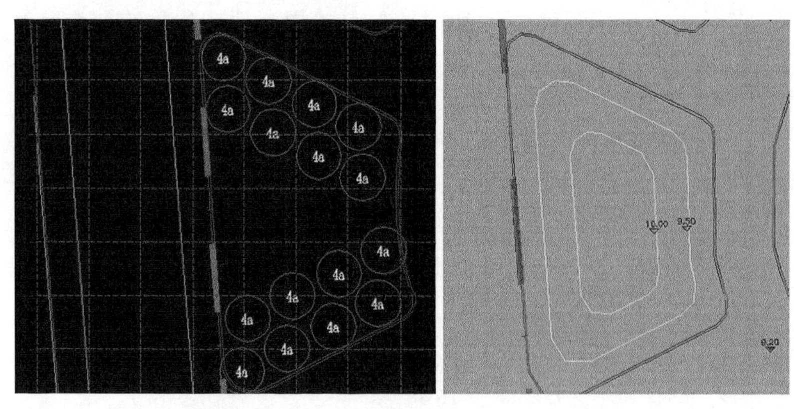

种植平面图　　　竖向设计图

图1.2.16　种植平面图和竖向设计图

注：4a（银杏）即苗木。

2. 工作安排

苗木选择　本次就近采购江都市银杏大苗，以利于夏季的成活。

场地平整　第一天的早半天按照竖向设计图进行场地平整。

挖穴　第一天的下午按设计的要求定好点，放好线，测定标高，按规定的种植穴直径在地面画一方形（2m × 2m × 1.8m），从四周向下挖掘，按深度垂直刨挖到底。

进场养护　第二日早苗木进场，边栽苗边打支撑边浇水养护。

3. 施工步骤

苗木进场　苗木组织机械、工人和工具在施工地段等候，因本次种植工程全部为大树，需要起重设备进行卸苗，吊车司机需要事先检查各部装置是否正常，钢缆是否符合安全规定，同时根据吊车车臂的伸长长度，停靠在合适的地点，将车身垫平，进场苗木的货车司机听从现场工作人员的安排，将车辆停在合适的位置。

卸苗与散苗　由现场施工人员指定两位反应迅速的工人带着绷带到苗木的车厢中，然后现场懂吊车指挥的工作人员现场指挥吊车，将苗木一一调至指定的树坑附近（图 1.2.17）。

验苗　看土球的质量，树干包裹是否异常，同时用测茎尺从土球以上 1.2m 处测量土球的直径，如不符合要求则不能使用（图 1.2.18）。

图1.2.17　卸苗和散苗

图1.2.18　验苗和树皮破损

特别提示　**施工常见失误**

1. 苗木的土球上下土质不一致，如果土球下部土壤发黑，上部土壤正常，则这样的苗木应处于地下水过高或常年排水不畅的地方生长，在工程上不宜选用。

2. 及时发现裹干的异常情况，一般情况下是苗木分枝点以下裹干，但苗木中上部出现裹干情况，应立即剪开裹干材料，应该会发现树干被劈裂或树皮严重受损，当然树木分枝点裹干的地方也会出现或多或少的问题，比如说裹干处出现苗木树干粗细不一致，手摸包裹物手感异常（如硬度）的情况，应剪开异常部位进行检查。

3. 如果树木裹干则需要解开草绳方可测量。

种植　将表土回填到树坑内，堆成小丘状，利用吊车将苗木吊起，缓缓的入坑，种植时应注意苗木的丰满一面或主要观赏面应朝主要视线方面，然后将其扶正、培土，土球上部覆土厚度不超过土球高度的10%（图 1.2.19）。

图1.2.19　苗木扶正和培土

特别提示　**施工常见失误**

因苗木离树坑较近，很多时候工人就将土球滚至树坑内，这样在滚土球的过程中会使土球松散，从而影响树木的成活。

图1.2.20　大树挂水

搭支撑　夏季雨水较多，应及时打好支撑，以免出现树木歪斜甚至事故发生。

浇定根水　夏季大树栽植的成活率较差，应尽快浇定根水，在浇定根水的同时应放入国光产品根动力 2 号（剂量参考说明书）

补充树体养分　每棵大树挂水 3 袋施它活（国光产品），将树体上部、中部和下部各一袋施它活，及时补充树体养分（图 1.2.20）。

日常养护　每天傍晚向树体和冠幅喷水一次，树穴内及时补充水分，保持树穴内土壤湿润。

色块的种植技术

本案例节选某道路绿化的灌木栽植图，要求利用红叶石楠和金叶女贞营造出红黄相间的弧形色块。

1. 准备工作

灌木种植图纸 1 张　图示中红色线框代表需要种植红叶石楠，黄色线框调拨需要种植金叶女贞（图 1.2.21）。

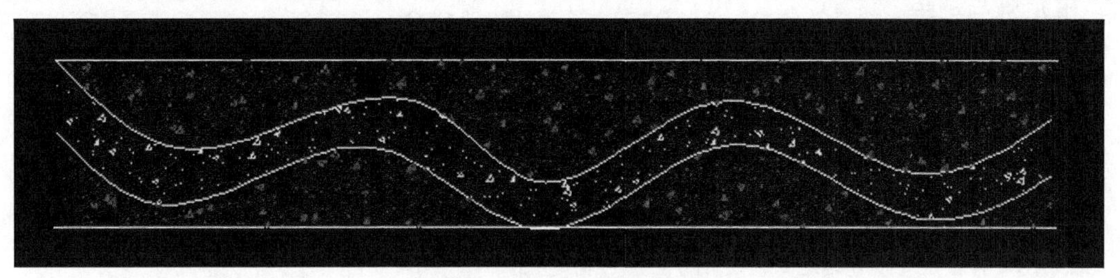

图1.2.21　种植平面图

明确数量及进场时间　对照苗木表中苗木的规格和测量面积，确定苗木栽植的密度，最终确定所需要的灌木数量，并和苗木供应商订购，为保证苗木的成活率，进场小苗必须是穴盘苗，确定小苗进场时间。

人员及工具准备　整地、种苗共需要10人，人手一把小花锄（20cm长），每人低矮坐凳1个，浇水工具1套，绿篱修剪机1台。

土地平整　进行深翻土、清理杂质、石块、垃圾，如果是建筑垃圾土或污染严重的土壤必须进行换土。种植前可以施放适量地基肥，如草木灰、腐熟地蔗渣、鸡粪及农家肥等，进行改土，基肥必须与土壤搅拌均匀。

放样　在放样时本次种植是弧形，放样时需要先定点，然后撒滑石粉标识弧线，在实际操作中可以利用草绳放线，按照事先定好的点，把草绳放在场地内调整出需要的弧度。

2. 施工步骤

苗木进场及验苗　苗木进场后首先要组织监理人员进行现场验苗，鉴别品种、苗木的规格和小苗的质量及数量。

散苗　有运苗车沿道路将两种小苗按比例卸下。

定植　在划定的区域栽培，先种植金叶女贞，后种植红叶石楠。种植时把穴盘拆除后刨坑将苗栽入，栽植的深度应略高于护根土的高度，在这个过程中应注意合理的密度，苗与苗之间以枝条与枝条稍交叉为宜，随栽随填土踏实。

浇水　载种之后立即浇水，并扶正出线的苗，拆除定标线或绳子，第二天再复浇一次透水。如果天气炎热，需要做遮阳处理。

修剪　修剪新芽萌动后月余设定标高线，按定线修剪。

巩固训练

1. 以实训小组（5～8人）为单位，选择小乔木和灌木各一株进行移栽。

2. 写出相应的人员安排和技术流程。

要求：组内同学要分工合作，相互配合；草本园林植物选择要有代表性和针对性；方案制定要依据移栽与定植的工作流程，要保证成活率，要保证设备的完整性及人员的安全。

标准与规程

北京市园林绿化工程施工及验收规范（节选）
（DB11/T 212 — 2009）

5.3.1 一般规定

5.3.1.1 种植穴（槽）挖掘前，应向有关单位了解地下管线和隐蔽物埋设情况。

5.3.1.2 种植穴（槽）的定点放线应符合下列规定：

1. 种植穴（槽）定点放线应符合设计图纸要求，位置准确，标记明显。

2. 种植穴（槽）定点时应标明中心点位置，种植槽应标明边线。

3. 树木定点遇有障碍物影响，应及时与设计单位取得联系，进行适当调整。

5.3.1.3 开挖的种植穴（槽）遇灰土、石砾、有机污染物、黏性土等土壤状况时，应扩大种植穴（槽），回填土应满足本规范第 4.3.1 和 4.3.2 的要求。

5.3.2 主控项目

5.3.2.1 一般种植穴（槽）大小应根据苗木根系、土球直径和土壤情况而定，应符合表5～表7的规定。

——检查方法　观察、尺量。

——检查数量　以天为单位，按挖掘时间分批抽查，每批检查 100 个穴，100 个穴以下全数检查。

表5　常绿乔木类种植穴规格　（单位：cm）

树高	土球直径	种植穴深度	种植穴直径
150	40～50	50～60	80～90
150～250	70～80	80～90	100～110
250～400	80～100	90～110	120～130
400以上	140以上	120以上	180以上

表6　落叶乔木类种植穴规格　（单位：cm）

干径	深度	直径	干径	深度	直径
2～3	30～40	40～60	5～6	60～70	80～90
3～4	40～50	60～70	6～8	70～80	90～100
4～5	50～60	70～80	8～10	80～90	100～110

表7　花灌木类种植穴规格

树高/m	土球（直径×高）/cm	圆坑（直径×高）/cm	说明
1.2～1.5	30×20	60×40	三株以上
1.5～1.8	40×30	70×50	
1.8～2.0	50×30	80×50	
2.0～2.5	70×40	90×60	

5.3.2.2 非正常种植季节施工时种植穴直径应相应扩大20%，深度相应加深10%；当土壤密实度≥0.80时，应采取通气透水措施。

5.3.2.3 种植穴（槽）应垂直下挖，垂直度允许偏差为±5°。

5.3.2.4 大规格树木栽植时，其种植穴应较土球直径大 60 ～ 80cm，深度增加 20 ～ 30cm。

5.3.3 一般项目

5.3.3.1 种植穴（槽）挖出的好土和弃土分别置放处理，底部应回填适量好土。对排水不良的土层，应在穴底铺设厚度不低于 10cm 的砂砾，或铺设渗水管、设盲沟。

5.4 掘苗及包装

5.4.1 一般规定

5.4.1.1 掘苗及包装是指对大规格树木进行挖掘和土球包装的过程。包装形式分为软质包装和箱板包装。

5.4.1.2 当大规格树木干径为 20 ～ 25cm 的可用软质包装；干径大于 25cm 的应采用箱板包装。

5.4.1.3 大规格树木挖掘时，应适时采取抗蒸腾、促生根、包裹树干、喷雾、排水等相应措施。

5.4.1.4 挖掘土球、土台应先去除表土，深度以接近表土根为准。

5.4.2 主控项目

5.4.2.1 土球规格应大于干径的 8 倍，土球高度为土球直径的 2/3，土球底部直径为土球直径的 1/3。土台上大下小，下部边长比上部边长少 1/10。

——检查方法：观察、尺量。

——检查数量：全数检查。

5.4.2.2 粗根应用手锯锯断，锯口平滑无劈裂并不得露出土球表面。

5.4.2.3 土球软质包装应紧实无松动。

5.4.2.4 腰绳宽度应大于 10cm。

5.4.2.5 土球直径 1m 以上的应做封底处理，紧实无松动。

5.4.2.6 箱板包装应立支柱，稳定牢固。

5.4.2.7 修平的土台尺寸应大于边板长度 5cm，土台面平滑，不得有砖石或粗根等突出土台。

5.4.2.8 土台顶边应高于边板上口 1 ～ 2cm，土台底边应低于边板下口 1 ～ 2cm。边板与土台应紧密严实。

5.4.2.9 边板与边板、底板与边板、顶板与边板应钉装牢固无松动；箱板上端与坑壁、底板与坑底应 支牢、稳定无松动。

5.4.3 一般项目

5.4.3.1 挖掘高大乔木前应先立好支柱，支稳树木。

5.4.3.2 蒲包、蒲包片、草绳等软制包装材料使用前应用水浸泡。

5.5 栽植

5.5.1 一般规定

5.5.1.1 在北京地区树木种植应以春季为主，雨季可种植常绿树，耐寒的落叶乔木可于秋季落叶后种 植。

5.5.1.2 种植植篱应由中心向外顺序退植；坡式种植时应由上向下种植；大型片植或不同色彩丛植时，宜分区、分块种植。

5.5.2 主控项目

5.5.2.1 种植的树木应保持直立，不得倾斜。树木入坑时，应注意调整观赏面。

5.5.2.2 行道树或行列种植树木应在一条线上，相邻植株规格应合理搭配，相邻高度不超过 50cm。

5.5.2.3 一般乔灌木的种植深度应与原种植线持平，个别快长、易生不定根的树种可较原土痕栽深

5～10cm，常绿树栽植时，土球上表面应高于地表 5cm；竹类可比地表深 3～6cm。

5.5.2.4 种植裸根树木时，应将种植穴底填土呈半圆土堆，树木种植根系应舒展，置入树木填土至 1/2 时，应轻提树干，使根部充分接触土壤。

5.5.2.5 带土球树木入穴前应踏实穴底松土，土球放稳，拆除并取出不易降解包装物。

5.5.2.6 回填土时，应分层踏实。

5.5.3 一般项目

5.5.3.1 绿篱、植篱的株行距应均匀。树形丰满的一面应向外，按苗木高度、冠幅大小均匀搭配。

5.5.3.2 假山或岩缝间种植，应在种植土中掺入苔藓、泥炭等保湿通气材料。

5.6 围堰

5.6.1 一般规定

5.6.1.1 围堰应根据地形、地势选择适当方式，既满足浇灌水需要，又满足景观要求。

5.6.1.2 特殊环境内的围堰应做铺卵石、覆盖树皮、栽植地被等特殊处理，保证整体美观的效果。

5.6.2 主控项目

5.6.2.1 单株树木的围堰内径不小于种植穴直径，围堰高度不低于 15cm。

5.6.2.2 围堰应踏实，无水毁。

5.6.3 一般项目

5.6.3.1 围堰用土应无砖、石块等杂物，围堰外形宜相对统一。

5.7 浇灌水

5.7.1 一般规定

5.7.1.1 浇灌水不得采用污水。水中有害离子的含量不得超过植物生长要求的临界值，水的理化性状应符合表 10 的规定。

——检查方法：查看水质检测报告。

——检查数量：同一水源为一个检验批，随机取样 3 次，每次取样 100g，经混合后组成一组试样。

表10　园林浇灌用水水质指标　（单位：mg/L）

项目	基本要求	pH	总磷	总氮	全盐
数值	无漂浮物和异常味	6～9	≤10	≤15	≤1000

5.7.2 主控项目

5.7.2.1 每次浇灌水量应满足植物成活及生长需要。

5.7.2.2 对非正常渗漏应及时封堵，保证正常浇灌水；对浇水后出现的土壤沉降，应及时培土。

5.7.2.3 对浇水后出现的树木倾斜，应及时扶正，并加以固定。

5.7.3 一般项目

5.7.3.1 浇水时应防止水流过急，宜采用缓流浇灌或在穴中放置缓冲垫。

5.7.3.2 植树当日浇灌第一次水，三日内浇灌第二次水，十日内浇灌第三次水，浇足、浇透；三水后应及时封堰。

5.8 树木修剪

5.8.1 一般规定

5.8.1.1 树木修剪可分为种植前修剪、种植后修剪；按修剪程度分为轻剪、中剪、重剪；修剪方法有疏枝和短截；修剪后的树形分为人工式和自然式。

5.8.1.2 不同季节、不同树种，应采用不同的修剪方式。一般应满足植物生长习性和观赏效果的要求。

5.8.1.3 自然式修剪在保证树冠原有完整性的基础上，应剪去病虫枝、伤残枝、重叠枝、内膛过密枝等，保证主侧枝均匀分布。

5.8.2 主控项目

5.8.2.1 修剪时剪口、锯口均应平滑无劈裂。

5.8.2.2 带冠移植的大规格树木、落叶乔木应在保持原有树形的基础上进行合理修剪。凡主干明显的树种，修剪时应保护中央领导枝。

——检查方法：观察

——检查数量：每 50 棵为 1 个检验批，不足 50 棵全数检查。

5.8.2.3 行道树主干高度应大于 2.8m。

5.8.3 一般项目

5.8.3.1 在不同环境下，通过对不同树木的修剪确定主干高度和冠径。

5.8.3.2 藤木类、植篱类、桩景树类修剪应满足观赏效果的要求。

5.8.3.3 修剪直径 2cm 以上的枝条时，剪口须涂防腐剂。

5.8.3.4 常绿针叶树一般不进行修剪，但种植前应摘除果实。需要修剪时枝条应保留 1 ～ 2cm 的橛。

5.8.3.5 树木修剪应充分考虑架空线、变电设备、交通信号灯等所处的位置。

5.9 支撑

5.9.1 一般规定

5.9.1.1 根据立地条件和树木规格，支撑方式一般分为三角支撑、四柱支撑、联排支撑及软牵拉。按材料类型分，一般有木材、竹材、铅丝等。

5.9.1.2 特殊环境内的树木支撑应采用精致材料，保证整体美观的效果。

5.9.2 主控项目

5.9.2.1 支撑物、牵拉物与地面连接点的连接应牢固。

5.9.2.2 连接树木的支撑点应在树木主干上，其连接处应衬软垫，并绑缚牢固。

5.9.2.3 支撑物、牵拉物的强度能够保证支撑有效。

5.9.2.4 常绿树支撑高度为树干高的 2/3，落叶树支撑高度为树干高的 1/2。

——检查方法：晃动支撑物。

——检查数量：每 50 株为 1 个检验批，不足 50 株全数检查。

浙江省园林绿化工程施工质量验收规范（节选）

（DB 33/1068 — 2010）

5.4 乔灌木种植工程

5.4.1 本节适用于乔灌木种植工程的质量验收，但不适用于行道树种植、大树移植工程的质量验收。检查数量　按每 1000m² 绿地内的乔灌木作为一个检验批，小于 1000m² 的片块也应作为一个检验批。乔木、灌木按数量随机抽查 20%，每株为一个点，总检数不得少于 10 点，但乔木、灌木各少于 10 株时应全数检查；片植的灌木按面积抽查 20%，以 5 ～ 20m² 为一点，总检数不得少于 5 点。

检验方法　观察和尺量检查。

5.4.2 各项种植工序应密切衔接，做到随挖、随运、随种、随养护。乔灌木起掘后，不得曝晒或失水，若不能及时种植，应采取保护措施，如覆盖，假植等。在种植过程中，若遇气温骤升骤降或遇大风大雨等特殊天气，应暂停种植，并采取临时保护措施，如覆盖、假植等。高燥地种植穴稍深，低地可稍浅。

5.4.3 槽穴应挖成直筒形。乔灌木种植深度应保持在土壤下沉后，基茎与地表等高。胸径大于 6cm 的乔木及珍贵树木在种植后应设支撑，支撑要牢固。

5.4.4 乔灌木种植的成活率，种植季节内本地区树木成活率应大于 95%，外地引种乔灌木成活率应大于 90%，非适宜季节种植的乔灌木成活率应大于 75%，死亡苗木必须适时补种。

5.4.5 乔灌木种植工程应符合（表 5.4.5.1 ～表 5.4.5.3）规定。

表5.4.5.1　乔灌木种植工程基本项目

项次	项目	质量要求
1	定位放样	符合设计要求
2	树穴	穴径应符合表5.4.5.2和表5.4.5.3要求；翻松底土；树穴上下基本垂直
3	定向及排列	树木的主要观赏朝向应丰满完整、生长好、姿态美；孤植树木冠幅应基本完整；群植树木的林缘线、林冠线符合设计要求
4	种植深度	种植深度符合生长要求，根颈与土壤沉降后的地表面等高或略高
5	土球包装物、培土、浇水	清除土球包装物，分层捣实，培土高度恰当；及时浇足水且不积水
6	垂直度、支撑和卷干	树干或树干重心与地面基本垂直；支撑设施应因树因地设桩或拉绳，树木绑扎处应夹衬软垫，不伤树木，稳定牢固；树木卷干或扎缚紧密牢固

表5.4.5.2　树木种植穴规格

分类	规格/cm		树穴直径/cm	树穴深/cm	备　注
乔木	胸（地）径	3以下	30～50	20～40	胸径以离地1.3m计，地径以离地15cm计
		3～4	50～60	40～50	
		4～5	60～70	50～60	
		5～6	70～80	60～70	
		6～8	80～100	70～80	
		8～10	100～120	80～90	
		10～12	120～140	90～100	
		12～15	140～160	100～110	
		15以上	按土球(根盘)直径放大60	按土球(根盘)厚度放大40	

续表

分类	规格/cm		树穴直径/cm	树穴深/cm	备 注
棕榈类			按土球（根盘） 直径放大40～60	按土球（根盘） 厚度放大20～40	
灌木	冠径	20以下	10～15	20～30	
		20～40	15～30	30～40	
		40～60	30～50	40～50	
		60～80	50～70	50～55	
		80～100	70～90	55～60	
		100～120	90～100	60～70	
		120～150	100～120	70～85	
		150以上	土球直径+20	土球厚度+10	
藤本	地径	≤2	30	30	
		2～3	40	35	
		3～4	45	40	
		4～5	50	45	
竹类	胸径	中径2～3 小径1～2	40	25～30	
		大径3以上	比土球直径大20	比土球厚度大10	

表 5.4.5.3 绿篱树穴规格

冠幅/cm	单行种植	双行种植	备 注
	规格：宽×深/cm	规格：宽×深/cm	
30×30	50×40	70×40	双行种植呈品字形
40×40	60×45	90×45	
50×50	70×55	110×55	
60×60	70×60	130×60	

福建省工程建设地方标准城市园林植物种植技术规程（节选）

(DBJ/T 13－148－2012)

4.2 种植前的土壤处理

4.2.1 种植土应排水性良好，非毛管孔隙度宜大于10%，酸碱性pH以6.0～7.5为宜，土壤含盐量宜小于0.12%，土壤营养平衡，其中有机质含量宜大于10g/kg；全氮含量宜大于1.0g/kg；速效磷宜大于0.6g/kg; 速效钾含量宜大于17g/kg；土壤疏松，容重宜小于1.3g/cm^3。

4.2.2 绿地的原状土达不到种植土的要求，宜采取客土或采取相应物理或化学的改良措施。客土应择用种植土或利于改良的土壤，不得采用含有大量建筑垃圾及其他有害污染物的土壤，以及强酸性土、强碱性土、盐碱土、重黏土、沙土等。改良措施应据土壤理化性状而择用。

4.2.3 花卉地被、草坪种植地、播种土应施足基肥，翻耕深度25～30cm，整平耙细，土块直径应小于2cm，去除直径大于1cm的石砾等杂物。

4.2.4 架空层绿地种植宜以腐殖土为主，并掺入质轻排水良好的基质。

4.2.5 种植土处理完毕自检合格后，应报请监理工程师验收核准后，方可进行下道工序施工。

4.3 种植材料、设备的准备

4.3.1 种植前应确定苗木、草坪草种、保水剂、有机肥料、土壤改良剂、生长调节剂、生根粉、杀虫剂、灭菌剂、除草药剂等材料来源和进货渠道，并对工程用车、浇水设备、绿化专用设备、测绘设备、安全设备等进行调试、维修，确保工程施工所需材料、设备及时进场，准确到位。

4.3.2 测绘设备、安全设备进场时应出具产品合格证、质量保证书，测绘设备应同时出具计量部门出具的检定证书，并报请监理工程师核查。

4.3.3 苗木进场时应出具《苗木检验合格证书》（出圃单），外埠苗木、种子应出具当地植物检疫证明文件。

4.3.4 苗木的质量应符合下列规定：

1. 木本苗应符合CJ/T 24－1999的有关要求。

2. 乔木的质量标准：树干应挺直（设计特殊要求除外），无明显弯曲，树皮无开裂和未愈合的机械损伤。树高、干径、冠径、定干高度均应符合设计要求，主枝不少于3支，且枝长不小于60cm；全冠苗树冠应完整丰满，枝条分布均匀，冠径最大值与最小值的比值宜小于1.5，叶色正常，根系发育良好。

3. 灌木的质量标准：自然式灌木应根系发达，生长茁壮，叶色正常，灌丛丰满，主侧枝分布均匀，主枝数不少于5支，灌高应有3支以上的主枝符合设计的要求。整形式灌木应冠形匀称呈规则式，枝叶茂密，无明显空洞，根系完好。

4. 绿篱苗的质量标准：苗木应灌丛匀称，枝叶茂密，叶色正常，干下部枝叶无光秃，根系发达。苗龄宜为二年生以上。

5. 棕榈科植物的质量标准：直立性单干型植株，茎干直立，树冠完整，叶色正常，树干无未愈合的机械损伤，顶芽完好无损，根系发达；丛生型植株应根系发达，生长茁壮，叶色正常，株型匀称，枝条分布合理。

6. 竹类植物的质量标准：生长茁壮，竹鞭不少于2个，鞭长大于20cm，竹鞭芽眼数不少于2个；大型散生竹应具1～2支竹竿，小型散生竹应具有3支以上竹竿；丛生竹每丛应具有竹竿3支以上；混生竹每丛应具有2支以上竹竿；根盘应完整。

7. 攀缘植物的质量标准：地径0.5cm以上，根系发达，枝叶茂密。苗龄宜为2年生以上。

8. 花卉、地被植物的质量标准：一、二年生花卉，株高一般为10～50cm，冠径为15～35cm，分枝不少于3支，植株健壮，色泽明亮。宿根花卉，根系应完整，无腐烂变质。球根花卉应茁壮，无损伤，幼芽饱满。观叶植物，叶片分布均匀，叶簇丰满，排列整齐，形状完好，色泽正常。同一品种株高、花色、冠径、花期等无明显差异。

9. 水生植物的质量标准：根、茎、叶发育良好，植株健壮。

10. 草坪材料的质量标准：草块及草卷应规格一致，边缘平直，杂草不得超过5%。草块土层厚度应大于1cm，草卷土层厚度宜为1～3cm。植生带厚度不宜超过1cm，种子应饱满分布均匀，发芽率应大于95%；用于播种的草坪、草花、地被植物种子应注明品种、品系、产地、生产单位、采收年份、纯净度及

发芽率，不得有病虫害，发芽率达92%以上方可使用，自外埠引进种子应有检疫合格证。

4.3.5 苗木病虫害控制

1. 不得带有国家及本省植物检疫名录规定的植物检疫对象。

2. 不得带有蛀干害虫。

3. 根部不得有腐烂、根瘤。

4. 植物检疫对象以外的苗木病虫害，其危害程度不得超过下列规定：

1）叶部病害：单株叶片受害面积不得超过叶片面积的1/4。

2）干部病害：乔木干部病斑不得超过抽查数量的5%。

3）根部病害：根部病害不得超过抽查数量的5%。

4）食叶害虫：苗木叶片应无虫粪、虫网，单株的叶片受害率不得超出2%。

5）刺吸害虫：单株苗木的蚧壳虫活虫数不得超过50头。

6）地下害虫：单株苗木根部活虫数不得超过2头。

5. 草坪、地被无斑秃，无地下害虫。

4.4 树木挖掘

4.4.1 挖掘高大乔木、大型棕榈科植物前应先立好支柱，支稳树木。

4.4.2 常绿苗木、特大苗木、珍贵落叶苗木应带土球或土台起掘，落叶苗木可裸根。培育苗木的容器直径宜为树木干径的4～5倍，深度为直径的4/5左右。

4.4.3 挖掘土球、土台、根幅的规格应符合设计的合理要求，起苗的深度与幅度应根据树种和树龄来定，乔木根幅达到其胸径的7～10倍或树高的1/3左右，棕榈科植物根幅为其头径的2～3倍，灌木根幅达到其地径的6～8倍或高度的1/2或冠径的2/3左右，土球、土台、根幅厚度为直径的2/3～4/5。具体规格应分别按（表4.4.3.1～表4.4.3.4）规定确定。

表4.4.3.1　乔木带土球或裸根根幅规格　（单位：cm）

胸径	土球（根幅）直径	土球厚度	裸根根幅厚度	备　注
<6	30～40	20～30	20～25	1. 常绿乔木带土球，落叶乔木带护心土，特殊树种直根系很明显，根幅厚度及土球深度作适当调整，如：枫香、桃花心木、香樟、杉类、柏类植物 2. 带有粗壮的落地气生根树种，如榕树的土球规格，应与其落地气生根综合考虑
6～8	40～50	30～40	25～30	
8～10	50～60	40～45	30～35	
10～12	60～70	45～50	35～40	
12～15	70～80	50～60	40～50	
>15	80以上	60以上	50以上	

表4.4.3.2　灌木带土球或裸根根幅规格　（单位：cm）

冠径	土球（根幅）直径	土球厚度	裸根根幅厚度	备　注
40～60	20～30	20～25	15～20	常绿灌木带土球，落叶灌木带护心土
61～80	30～40	25～30	20～25	
81～100	40～50	35～40	25～30	

续表

冠径	土球（根幅）直径	土球厚度	裸根根幅厚度	备　注
101～120	50～60	40～50	30～35	常绿灌木带土球，落叶灌木带护心土
121～140	60～70	50～60	35～40	
141～160	70～80	55～65	40～45	
161～180	80～90	65～70	45～50	
180以上	90以上	70以上	50以上	

表4.4.3.3　单干型棕榈科植物带土球规格　（单位：cm）

地径（头径）	土球直径	土球厚度	备　注
≤20	35～45	30～40	棕榈科植物根系受损后恢复较慢，应适当加大土球规格，尤其是厚度，土球呈圆柱状
21～30	50～60	45～50	
31～35	65～70	50～60	
36～40	75～80	60～70	
41～45	85～90	70～80	
46～50	95～100	80～90	
51～55	105～110	90～100	
56～60	115～120	100～110	
60以上	120以上	110以上	

表4.4.3.4　丛生型棕榈科（苏铁科）植物带土球规格　（单位：cm）

自然高	土球直径	土球厚度	备　注
<40	20～25	15～20	棕榈科、苏铁科植物根系受损后恢复较慢，应适当加大土球规格，尤其是厚度，土球呈圆柱状
40～100	25～40	20～30	
101～150	40～50	35～40	
151～200	50～60	45～50	
201～250	60～70	50～55	
251～300	70～80	55～60	
301～350	80～90	65～70	
351～400	90～100	70～75	
400以上	100以上	80以上	

4.4.4 树木挖掘时间：常绿树宜在树木开始萌动的春季、梅雨季或秋季小阳春，落叶树、针叶树宜在发芽前或秋季落叶后降霜前进行，情况较特殊的个别树种，应另行参照有关资料。

4.4.5 土球挖掘应符合下列规定：

1. 挖掘土球、土台应先去除表土，深度以接近表土根为准。

2. 根据树木土球大小确定起挖深度和根幅，挖掘前应以植株树干为中心，比规定的土球直径大3～5cm画一圆圈，并顺着此圆圈垂直往外挖沟，沟宽应根据土球深度而定，土球深度不大于50cm，沟宽宜为30～50cm，土球深度大于50cm，沟宽宜为50～80cm，挖操作沟深度以达到土球所要求的高度为止。

3. 修整土球应用锋利的铁锹，遇到径粗2cm以上的根系，应用锯或剪将根切断，切口应涂防腐剂，不得用铁锹硬砍，防止土球松散。当土球修整到1/2深度时，可逐步向里收底，直至缩小到土球直径的

1/3 为止，然后将土球表面修整平滑，下部宜修一小平底。

4.4.6 裸根挖掘应符合下列规定：

1. 根据树木根系大小确定起挖深度和根幅，挖掘前应从植株树干为中心，比规定的根幅直径大 3 ～ 5cm 画一圆圈，并顺着此圆圈垂直往外挖沟，沟宽应据根幅厚度而定，根幅厚度不大于 50cm，沟宽宜为 20 ～ 30cm，根幅厚度大于 50cm，沟宽宜为 30 ～ 60cm，挖操作沟的深度以达到根系所要求的高度为止。

2. 挖掘过程中预留根系外的其余根系应全部切断，切口应平滑，不得劈裂，切断径粗 2cm 以上的根系，剪口、锯口须涂防腐剂。

3. 根系挖掘至深度的下部，可逐渐向内部掏挖，切断全部主侧根后，即可打碎土台，保留护心土，清除余土，推倒树木。

4. 挖掘后应保持湿润，根系可沾泥浆或用湿草等物包裹。

4.4.7 土台挖掘应符合下列规定：

1. 土台宜呈方形，挖掘前应以树干为中心，比规定的土台尺寸大 5 ～ 10cm 画出土台范围，然后在土台范围外 80 ～ 100cm 再画出一道方形白灰线，作为挖掘操作沟范围，操作沟垂直下挖时应规整平滑。

2. 操作沟下挖 60 ～ 70cm 后，应以相对的两侧同时向土台内掏底，掏底宽度应与底板的宽度相符，掏底时粗根应用手锯锯断，切断径粗 2cm 以上的根系，剪口、锯口须涂防腐剂。

3. 掏底时，操作人员的头部、身体严禁进入土台底部；风力 4 级以上不得进行掏底工作；确需人员进入底部掏底，必须做好安全防护措施，在确保安全的状态下，方可入内操作。

4.4.8 大规格树木挖掘时，应及时采取抗蒸腾、促生根、包裹树干、喷雾、排水等相应措施。

4.4.9 带土球起掘的树木不得掘破土球。如有意外应及时植回原地，并采取保护措施，原则上土球破损的树木不得出圃。

4.4.10 竹类宜选 2 ～ 3 年生母株，散生竹应以竹竿为中心两侧各带来鞭 20 ～ 30cm，丛生竹应整体起挖，竹蔸应完整，芽眼应不少于 2 个，混生竹应以散生竹与丛生竹的要求执行。近距离移植可带根盘，远距离移植应带土台。

4.5 土球（土台）包装

4.5.1 土球包装形式应根据树种规格、土壤质地、运输距离等选定，但应保证牢固，防止土球松散破碎。大规格树木胸径不大于 25cm 的植株可用软质包装，胸径大于 25cm 的植株采用箱板、钢筋网包装。

4.5.2 包扎土球的绳索粗细适度，质地结实，以草、麻绳为宜，草、麻绳等软质材料使用前宜经水浸泡，尼龙绳、塑料包装绳等不易降解的包装物栽植时必须拆除。

4.5.3 土球软质包装应符合下列规定：

1. 土球挖好后，应及时用草、麻绳等打上腰箍，腰箍的宽度为土球深度的 1/3 ～ 1/2，包扎应紧实无松动。

2. 土质较松的土球，可先用稻草、麻布等物将土球包严，再用草绳等物将腰部捆好，以防包装物脱落，而后即可打花箍。

3. 打花箍可将双股绳索一头拴在树干上，然后将绳索绕过土球底部，顺序拉紧捆牢，绳索的间隔宜为 8 ～ 10cm，土质不好的，应扎密些。花箍打好后，可在土球的腰部密捆 10 道左右的绳索，并打成花扣，以免脱落。

4. 土质较黏重的土球，可直接用草绳、麻绳等物包装，常用的有橘子包（其包装方法大致如3）、井字包和五角包。

4.5.4 箱板包装应符合下列规定：

1. 箱板包装前树木应立支柱，支柱应稳定牢固。土球直径1.5m以上的宜做封底处理，封底应紧实无松动。

2. 箱板包装边板与边板、底板与边板、顶板与边板应钉装牢固无松动，箱板上端与坑壁、底板与坑底应支牢，稳定无松动。

3. 修平的土台尺寸宜大于边板长度5cm，土台面平滑，不得有砖石或粗根等突出土台，土台顶边宜高于边板上口1～2cm，土台底边宜低于边板下口1～2cm，边板与土台应紧密结实。

4. 底板安装应边掏底边装底板，安装底板应一端顶在边板上并支紧，另一端用千斤顶顶起，待底板靠近边板后钉牢，钉牢后顶紧再撤出千斤顶，随后将底板支牢，支撑物下方宜垫板，支稳后方可继续向内掏底。

5. 安装边板前土台四周用稻草、麻布等物垫好，然后靠紧边板，边板可先支牢，而后用钢丝绳围成上下两道，分别置于距上下沿口15～20cm处，两道钢丝绳的接口应错开并分别置于边板的中间位置，钢丝绳接口处应套入紧线器，同步收紧钢丝绳，直至边板与土台紧实为止。

6. 边板与边板的连接用铁片条钉牢，先把两道铁片条分别钉在边板距上下沿口5cm处，中间每隔8～10cm钉一道。

7. 安装顶板时应先将表土铲平，中间宜略高1～2cm，顶板长度与边板外沿相等。钉板前宜垫稻草、麻布等物，顶板放置的方向应与底板交叉，间距均匀，间距宜为15～20cm，顶板与边板用铁片条钉牢，顶板上方可加钉一层顶板，两层顶板宜呈井字型。

4.5.5 钢筋网包装应符合下列规定：

1. 土球挖好后，及时用草、椰棕、麻布、无纺布等物把土球包严，并用绳索将腰部捆实，随后可再包一层铁丝网。

2. 土球经软质材料包装后，在树木的根颈部位包裹2～3层椰棕、麻布、无纺布等物，并在此部位以直径1.2～1.5cm钢筋绕一圈焊紧。

3. 树干钢圈焊好后，在土球腰部以0.3～0.5cm厚的扁铁焊一圈，随后以直径1.2～1.5cm的钢筋将扁铁与树干的钢圈连接，连接钢筋以每距40～50cm焊一道为宜。

4. 完成土球上半部分连接后，在土球底部焊一直径20～30cm钢圈，并以直径1.2～1.5cm的钢筋将此钢圈与腰部的扁铁连接，钢筋连接应与上部对齐，形成钢筋网。

5. 钢筋网包装不得造成根系与树干烧伤、损伤。

4.6 苗木装卸、运输和假植

4.6.1 苗木装卸车时应做到：轻抬、轻吊、轻卸、轻放，不得损伤苗木和造成土球破损碎裂，枝干应保持完好无损。

4.6.2 起吊带土球（台）小型苗木时应用绳网兜土球吊起，不得用绳索缚捆根颈起吊，重量超过1吨的大型土球（台）应在外部套钢丝缆起吊。

4.6.3 树冠开展与具轮生侧枝的树木应用绳索绑扎树冠。杉类柏类等主梢具观赏性的树木应保护主梢，

顶芽不可再生的单干型棕榈科植物，严禁损伤顶芽。

4.6.4 装运竹类时，不得损伤根蒂（竹竿与竹鞭之间的着生点）和鞭芽。

4.6.5 苗木装车时，应按车辆行驶方向，将根部向前，树冠向后码放整齐。过重苗木不宜重叠。装车后将树干捆牢，并以软物衬垫防止树干磨损。

4.6.6 装车时应核对树种及数量，检查规格及质量。

4.6.7 花灌木运输时可直立装车。

4.6.8 苗木运输时间宜选择在阴天或夜间进行，原则上应随起、随装、随运、随种。苗木运输途中，行车宜平稳，中途停车宜停在树荫下。长途运输苗木应覆盖并保持根系湿润，并做好防冻、防晒、防雨、防风和防盗等工作。

4.6.9 苗木运到现场后应按指定位置及时卸苗，及时栽植。不能及时栽植，应进行假植。

4.6.10 卸苗应从上到下循序渐进，轻拿轻放，不得乱抽乱拿，严禁整车往下推卸。土球直径大于70cm 的苗木，应采用吊车操作卸苗，并应保护好枝干及土球不受损伤。

4.6.11 卸车后，小型花灌木应紧密排放整齐，当日不能种植时，应喷水保持湿润，长时间不能种植时，应进行假植。

4.6.12 裸根苗木应及时栽植，裸根苗木自起苗开始暴露时间不宜超过 8 小时，当天不能栽植的苗木应及时进行假植。

4.6.13 假植时间较短，可将根部用湿椰棕、草袋等物覆盖保湿，也可将苗木放入假植沟内，根部应用湿润土壤埋严；假植时间较长，应定期适量喷水，保持空气湿度和土壤湿润；带土球苗木，应尽量集中直排放，假植时土球应垫稳，防止土球破损；在阳光直射的地方假植苗木，宜搭设遮阳设施。

4.6.14 苗木卸完自检合格后，应及时在栽植前报请监理工程师到现场对苗木进行验收。

4.7 苗木栽植前的修剪

4.7.1 栽植前应进行根系修剪，宜将劈裂根、枯死根、病虫根、过长根剪除，并对树冠进行修剪，保持地上地下树势平衡。

4.7.2 修剪时剪口、锯口均应平滑无劈裂，修剪直径 2cm 以上的枝条及根系时，剪口、锯口须涂防腐剂。

4.7.3 乔木类修剪应符合下列规定：

1. 具有明显主干的高大落叶乔木应保持原有树形，适当疏枝，保留的主侧枝应在健壮芽上短截，可剪去枝条长度的 1/5 ～ 1/3。

2. 无明显主干，枝条茂密的落叶乔木，地径 10cm 以上的树木，可疏枝保留原树形；地径为 5 ～ 10cm 的苗木，可选留主干上的几个侧枝，保持原有树形进行短截。

3. 非容器栽植的常绿乔木在保持原有树形的基础上应适量短截、疏枝，并可摘除部分叶片。枝叶集生枝干顶部的苗木可不修剪。

4. 容器栽植的常绿乔木在保持原有树形的基础上可适量疏枝，并可摘除部分叶片。

5. 全冠苗应保持原有树形与冠径，可适量删剪侧枝，并可摘除少量叶片。

6. 常绿针叶树，不宜修剪，只剪除病虫枝、枯死枝、生长衰弱枝，过密的轮生枝和下垂枝，但应摘除果实。

7. 用作行道树的乔木，定干高度宜大于 2.8m，第一个分枝点以下的枝条应全部剪除，分枝点以上枝条适量疏剪或短截，保持树冠原形；具轮生侧枝的乔木用作行道树时，可剪除基部2层～3层轮生侧枝。

8. 凡主干明显的树种，修剪时应保护中央领导枝，不得损伤主梢。

9. 珍贵树种的树冠宜少量疏剪，可摘除少量叶片。

4.7.4 灌木及攀缘植物修剪应符合下列规定：

1. 枝条茂密的大灌木在保持原有树形的基础上可适量疏枝、摘除部分叶片，但不得碰伤叶芽。

2. 上年花芽分化的观花灌木不宜强修剪，当有枯枝、病虫枝时应予剪除。

3. 嫁接灌木应将接口以下砧木萌生的枝条剪除。

4. 分支明显，新枝着生花芽的小型花灌木，应顺其树势适当强剪。

5. 用作绿篱的灌木及整形式灌木，可在栽植后根据设计的要求进行整形修剪，苗圃培育成型的苗木，栽植后应加以整修。

6. 攀缘植物可剪除枝条过长的部分，促进分枝。

4.7.5 棕榈科植物修剪应符合下列规定：

1. 单干型直立性棕榈植物无分枝，只对叶片进行修剪，修剪时叶片保留数量应根据不同种类、栽植时气候及养护管理条件综合判定，一般应留总叶量的50%～60%，完整叶片宜留4～6片，其余叶片修剪1/5～2/3。修剪严禁损伤顶芽。

2. 主干明显的丛生型棕榈科植物，在保持原有树形的基础上可适当疏剪，并应剪除病虫枝、枯死枝和生长衰弱枝。

3. 无明显主干棕榈科植物不宜修剪，只剪除病虫枝、枯死枝、衰弱枝、过密的轮生枝和下垂枝。

4. 果实应剪除。

4.7.6 苗木修剪自检合格后，应及时报请监理工程师进行验收。

4.8 种植穴、槽的挖掘

4.8.1 种植穴、槽挖掘前，应向有关单位了解地下管线和隐蔽埋设情况。

4.8.2 种植穴、槽的定点放线应符合下列规定：

1. 种植穴、槽定点放线应符合图纸设计要求，位置准确，标记明显。

2. 种植穴定点时应标明中心点位置，种植槽应标明边线。

3. 不同品种、不同规格栽植时，定点标志应标明树种名称（或代号）、规格。

4. 树木定点遇有障碍物影响，应及时与设计单位取得联系，进行适当调整。

4.8.3 挖种植穴、槽的大小应根据苗木根幅、土球直径和土壤情况而定，穴、槽应垂直下挖，上口下底相等，规格应分别按表4.8.3.1和表4.8.3.2的规定确定。

表4.8.3.1　种植穴规格　（单位：cm）

序号	植物种类	种植穴直径	种植穴深度
1	乔、灌木	大于土球或根幅直径30～40	大于土球或根幅厚度30～40
2	棕榈科植物	大于土球直径50～60	大于土球厚度30～40
3	竹类种植物	大于土球或根盘直径40～50	大于土球或根盘厚度20～30

表4.8.3.2　绿篱类种植槽规格　（单位：cm）

苗木高度	单行（深×宽）	双行（深×宽）
30～50	30×40	40×60
50～80	40×40	40×60
80～120	50×50	50×70
120～150	60×60	60×80
150～200	70×80	80×100

4.8.4 开挖的种植穴、槽遇石砾、有机污染物、黏性土等土壤状况时，应扩大种植穴、槽，并更换土壤，回填土质量应符合本规程第4.2.1条和第4.2.2条的要求。

4.8.5 大规格树木栽植时，其种植穴应较土球直径大60～80cm，深度增加30～40cm。

4.8.6 非正常种植季节施工时，种植穴直径应相应扩大20%，深度相应增加10%。

4.8.7 挖穴槽时，穴、槽壁应平顺，底部留一层活土，穴、槽挖出的好土和弃土应分别置放处理；排水不良的土层及地下水位较高的土层，土壤密度大于0.8时均应在穴底铺设厚度不低于20cm的砂砾，或铺设渗水管、盲沟。

4.8.8 在斜坡挖穴、槽应采取鱼鳞穴和水平条的方法，防止水土流失，并从上往下挖。

4.8.9 未能及时种植植物的种植穴、槽应采取安全防护措施。

4.8.10 本项工程完毕后，应报请监理工程师验收核准后，方可进行下道工序施工。

4.9 施基肥

4.9.1 种植穴、槽挖好后，应施入基肥，基肥应以腐熟的有机肥料为主，也可施用少量复合肥。

4.9.2 施基肥时应将有机肥搅碎与细土拌匀，平铺穴、槽底，并在基肥层上方铺一层壤土，厚5cm以上，避免土球、根系直接接触肥料。

4.9.3 草坪、花卉、地被、片植小灌木等植物，施基肥应结合翻地将肥料全面施入土壤表层土中。

4.9.4 应根据土壤的pH、苗木、有机肥的pH等因素，科学合理选择有机肥的成分配方，从而高效地改善土壤的理化性状，充分满足植物生长需求。有机肥的有机质含量应不小于30%，总养分（氮＋五氧化二磷＋氧化钾）应不小于3.5%。

4.9.5 施肥量应根据苗木品种与规格、土壤肥力、有机肥肥效等因素而定。基肥施用量可参照表4.9.5的规定确定。

表4.9.5　各类植物基肥量参照表　（单位：cm）

植物种类	规格	单位	基肥量/kg	备　注
草坪		m^2	大于2	
花卉、地被		m^2	大于5	
片植小灌木	高度小于50cm	m^2	大于5	
灌木	高50～120cm	株	大于10	超过200cm可酌情增加
灌木	高121～200cm	株	大于30	
乔木	胸径小于6cm	株	大于30	大规格苗木可适量增加
乔木	胸径6～10cm	株	大于40	

续表

植物种类	规格	单位	基肥量/kg	备　注
乔木	胸径10～15cm	株	大于50	大规格苗木可适量增加
棕榈科植物	头径小于40cm	株	大于30	超过60cm可适量增加
棕榈科植物	头径40～60cm	株	大于50	
棕榈科植物	自然高小于200cm	株	大于20	超过400cm可适量增加
棕榈科植物	自然高200～400cm	株	大于40	

4.9.6 施肥前应提供肥料化验报告单。施肥完毕后，应报监理工程师验收核准后，方可进入下道工序施工。

5 苗木种植

5.1 种植季节

应按照本规程第4.4.4条的规定执行，一般宜选择蒸腾量小和有利根系及时恢复的时期，不宜在盛夏及隆冬季节种植，棕榈科等畏寒品种不宜在冬季栽植。

5.2 苗木种植技术

5.2.1 苗木栽植一般规定

1. 各道栽植工序应密切衔接，做到随挖、随运、随种、随养护。苗木起掘后，不得曝晒或失水，若不能及时种植，应采取保护措施，如覆盖、假植等。

2. 在栽植过程中，若遇气温骤升骤降或遇狂风暴雨等特殊天气，应暂停栽植，并采取临时保护措施，如覆盖、假植等。

3. 栽植前苗木按定点的标记放至穴（槽）内或穴（槽）边，行道树与道路平行散放。散苗后应再与施工图核对，并做好记录。自检合格后，报请监理工程师验收核准后，进入下道工序施工。栽植的苗木品种、规格、位置、密度、树种搭配应严格按照设计要求施工，不合格的苗木不得使用。

4. 栽植的苗木宜保持直立，不可倾斜（设计特殊要求除外）。

5. 规则式栽植要横平竖直，树木应在一条直线上，偏差不得超过树木胸径的一半，行道树一般顺路与路平行，相邻两株高低差不得超过30cm。

6. 栽植时宜将苗木的丰满一面或主要观赏面朝主要视线方面。

7. 栽植苗木深浅应适宜。

8. 栽植土球带包装的树木时，必须保持土球完好，不易降解的包装物应取出。

9. 栽植绿篱应由中心向外顺序退植；坡式栽植时应由上向下栽植；大型片植或不同色块片植时，宜分区、分块栽植。

10. 苗木栽植后，栽植土应低于路缘石或挡土侧石3～5cm。

5.2.2 乔灌木的栽植应符合下列规定

1. 乔灌木栽植时应注意保护枝条完好，树冠完整，不得损伤顶芽及幼芽。若枝条有损伤应及时修剪，枝条损伤严重时不得栽植；顶芽不可再生的植株，若顶芽损伤严禁栽植。

2. 带土球（土台）的乔灌木栽植时，应先将植株放入穴内，定好方向，在定位扶正时应移动土球（土台），不得摇动树干，使其保持直立。然后土球经初步还土塞实稳定后，方可将土球包装物自下而上小心拆除。

若土球有松碎时，下面的包装物可剪断，不宜强行取出，随后继续填土，并应分层捣实。捣实过程不得损伤土球，确保土球完好。土球破损严重的苗木不得栽植。大规格苗木待填土至土球深度的2/3，浇足第一次水，经渗透后继续填土至地表持平时，再浇第二次水，以不再向下渗透为宜。

3. 裸根乔灌木的栽植，应先在穴内回填一层种植土，该层土堆呈半圆锥状（锅底状），再将植株放入穴内，定好方向，定位扶正立直依据根幅情况先填适当厚度的种植土，再将根系舒展，不得窝根，然后再均匀填土，填土过程苗木可稍作上下抖动使根系与土密接，而后继续边填土边捣实，直至土面覆盖树木的根颈部位并与地表持平。

4. 乔木初步栽好后应检查，树干是否仍保持直立，树冠有无偏斜，若有偏斜，应及时予以扶正。

5.2.3 架空绿地植物种植应符合下列规定：

1. 架空绿地绿化构造层应符合设计要求，当设计无具体要求时，栽植基层构造应包括防水层、隔根层、排水层、过滤层、种植土层。

2. 种植土层厚度与宽度应根据架空层的荷载力和种植植物的种类而变化。种植土层的最小厚度与最小宽度应符合表5.2.3.2的规定。

表5.2.3.2　种植土层的最小厚度与最小宽度　　（单位：cm）

植物类型	种植土厚度	种植土宽度
草坪、草花、地被	20	20
灌木	40	30
浅根性乔木	70	50

3. 植物栽植时不得损坏原有的架空层上的设施，不得防碍架空层设施维护及使用，不得损坏栽植基层的使用功能。

4. 架空绿地上的各类植物栽植技术应符合本规程规定的相应植物类型的栽植技术要求，种植槽（盆）栽植后种植土高度应低于槽（盆）沿2～3cm。

上海市大树移植技术规程

（DBJ 08 — 53 — 1996）

1. 总则

1.0.1 为提高大树移植的质量，特制定本规程。

1.0.2 本规程适用于本市各类林地、绿地范围内，经批准运迁的大树，珍稀名贵树(包括古树名木)的移植工作(以下均称大树)。移植难度较大的树木也可参照执行。

1.0.3 本规程根据《上海市植树造林绿化管理条例》、《上海市古树名木管理规定》、上海市标准《园林植物栽植技术规程》有关内容制定的。

1.0.4 大树移植除应符合本规程外，尚应符合国家现行的有关标准的规定。

2. 前期准备工作

2.1 操作人员要求

2.1.1 必须具备一名园艺工程师和一名七级以上的绿化工或树木工，才能承担大树移植工程。

2.2 基础资料及移植方案

2.2.1 应掌握树木情况：品种、规格、定植时间、历年养护管理情况，目前生长情况、发枝能力、病虫害情况、根部生长情况（对不易掌握的要作探根处理）。

2.2.2 树木生长和种植地环境必须掌握下列资料。

2.2.2.1 应掌握树木与建筑物、架空线，共生树木等间距必须具备施工、起吊、运输的条件。

2.2.2.2 种植地的土质、地下水位、地下管线等环境条件必须 适宜移植树木的生长。

2.2.2.3 对土壤含水量、pH、理化性状进行分析。

1. 土壤湿度高，可在根范围外开沟排水，晾土，情况严重的可在四角挖 1m 以下深洞，抽排渗透出来的地下水。

2. 含杂质受污染的土质必须更换种植土。

2.2.3 根据本规程 2.2.1 资料制订移植方案其主要项目为：种植季节、切根处理、种植、修剪方法和修剪量、挖穴、挖运种技术、支撑与固定、材料机具准备，养护、管理、应急抢救及安全措施等。

3. 移植季节

3.1.1 落叶树应在三月，常绿树应在树木开始萌动的四月上、中旬进行。

3.1.2 不在以上时间移植的树木均应作非季节移植，养护管理均应按非季节移植技术处理。

4. 移植前准备

4.1 移植前措施

4.1.1 5 年内未作过移植或切根处理的大树，必须在移植前 1 ～ 2 年进行切根处理。

4.1.2 切根应分期交错进行，其范围宜比挖掘范围小 10cm 左右。

4.1.3 切根时间，可在立春天气刚转暖到萌芽前，秋季落叶前进行。

4.2 移植方法

4.2.1 移植方法应根据品种，树木生长情况、土质、移植地的环境条件、季节等因素确定。

4.2.1.1 生长正常易成活的落叶树木，在移植季节可用带毛泥球灌浆法移植。

4.2.1.2 生长正常的常绿树，生长略差的落叶树或较难移植的落叶树在移植季节内移植或生长正常的落叶树在非季节移植的均应用带泥球的方法移植。

4.2.1.3 生长较弱，移植难度较大或非季节移植的，必须放大泥球范围，并用硬材包装法移植。

4.3 修剪方法及修剪量

4.3.1 修剪方法及修剪量应根据树木品种、树冠生长情况、移植季节、挖掘方式、运输条件、种植地条件等因素来确定：

4.3.1.1 落叶树可抽稀后进行强截，多留生长枝和萌生的强枝，修剪量可达 3/5 ～ 9/10。

4.3.1.2 常绿阔叶树，采取收缩树冠的方法，截去外围的枝条适当疏稀树冠内部不必要的弱枝，多留强的萌生枝，修剪量可达 1/3 ～ 3/5。

4.3.1.3 针叶树以疏枝为主，修剪量可达 1/5 ～ 2/5。

4.3.2 对易挥发芳香油和树脂的针叶树、香樟等应在移植前一周进行修剪，凡 10cm 以上的大伤口应光滑平整，经消毒，并涂保护剂。

4.4 定方位扎冠

4.4.1 根据树冠形态和种植后造景的要求，应对树木要作好定方位的记号。

4.4.2 树干，主枝用草绳或草片进行包扎后应在树上拉好浪风绳。

4.4.3 收扎树冠时应由上至下，由内至外，依次向内收紧，大枝扎缚处要垫橡皮等软物，不应挫伤树木。

4.5 树穴准备

4.5.1 树穴大小、形状、深浅应根据树根挖掘范围泥球大小形状而定（根据本规程 5.1.2 条规定）应每边留 40cm 的操作沟。

4.5.2 树穴必须符合上下大小一致的规格，对含有建筑垃圾，有害物质均必须放大树穴，清除废土换上种植土，并及时填好回填土。

4.5.3 树穴基部必须施基肥。

4.5.4 地势较低处种植不耐水湿的树种时，应采取堆土种植法，堆土高度根据地势而定，堆土范围：最高处面积应小于根的范围（或泥球大小 2 倍），并分层夯实。

5. 挖、运、种

树木应做到当天挖、当天运、当天种。

5.1 挖树

5.1.1 挖树前必须拉好浪风绳，其中一根必须在主风向上位，其他二根可均匀分布。

5.1.2 挖树范围应以地径的2π倍（约6.3倍）作为保留或土球的直径，应在此范围外开沟，沟宽度以操作方便为宜。

5.1.3 沟要垂直挖下，不应上大下小的尖锅形，遇大根必须用利铲铲断（或手锯锯断），严禁裂根。

5.1.4 带毛泥球移植的大树，必须挖到根系分布层以下，方能放倒树，去土时要保护好根系（特别是切根后新萌的嫩根）应多带护心土。

5.1.5 泥球应作如下处理。

5.1.5.1 去表土到见浮根，修整泥球。

5.1.5.2 扎腰箍，宽度为泥球腰宽的 2/3 处，并以 45° 收底。

5.1.5.3 网络形式和层数应根据泥球大小，土质情况，吊运条件而定，网络必须收紧，第一层网络的绳子必须坎入泥球表土。

5.1.6 挖掘形式规格必须与包装形式规格相一致。

5.1.7 硬材包装的材料必须能承受树木的重量和起吊时的压力，起吊部位必须设置在重心部位，并有安全装置。

5.1.8 挖树时有地下水渗出的，必须及时引水出穴。

5.2 起吊运输

5.2.1 树木挖掘包好后，必须当天吊出树穴。

5.2.2 起吊的机具和装运车辆的承受能力，必须超过树木和泥球的重量（约一倍）。

5.2.3 起吊绳必须兜底通过重心，树梢用绳（小于 45°），挂在吊钩上，收起浪风绳。

5.2.4 软包装的泥球和起吊绳接触处必须垫木板。

5.2.5 起吊人必须服从地面施工负责人指挥，相互密切配合，慢慢起吊，吊臂下和树周围除工地指挥者外不准留人。

5.2.6 起吊时，如发现有未断的底根，应立即停止上吊，切断底根后方可继续上吊。

5. 2.7 树木吊起后，装运车辆必须密切配合装运。

5.2.8 装车时树根必须在车头部位，树冠在车尾部位，泥球要垫稳，树身与车板接触处，必须垫软物，并作固定。

5.2.9 运输时车上必须有人押运，遇有电线等影响运输的障碍物必须排除后，方可继续运输。

5.2.10 路途远，气候过冷风大或过热时，根部必须盖草包等物进行保护。

5.2.11 树木运到栽植地后必须检查。

5.2.11.1 树枝和泥球损伤情况。

5.2.11.2 树根泥球大小规格和树穴规格应适宜，泥球有松散漏底的，树穴应在漏底的相应部位填上土，树木吊人树穴后不应出现空隙。

5.2.11.3 底土回填深度必须使树木种植后，根颈部位高出地面 10cm 左右。

5.2.12 树木吊入树穴时应使定位标记到位，放吊绳，待方位标记对好后，树身正直时，方可收吊绳。

5.3 栽 植

5.3.1 树木到位后，首先应拉好浪风绳。

5.3.2 裸根树木栽植应按如下规定：

5.3.2.1 树木到位后，用细土慢慢均匀的填入树穴，特别对根系空隙处，要仔细填满，防止根系中心出现空洞。

5.3.2.2 土填到 50%时灌水，发现冒气泡或快速流水处要及时填土，直到土不再下沉，不冒气泡为止。

5.3.2.3 待水不渗后再加土，加到高出根部即可做围堰浇水。

5.3.3 带泥球树木栽植应按如下规定：

5.3.3.1 用软材料包装的，要先去掉包装材料，然后均匀填上细土，分层夯实。

5.3.3.2 硬材料包装的，先取出包装箱板，注意抽底板时防止树木移动，然后均匀填土，分层夯实。

5.3.4 作堰后应及时浇透水，待水渗完后复土，第二天再作堰浇水，封土，以后视天气树木生长情况进行浇水。

6. 支撑与固定

6.0.1 大树的支撑宜用扁担桩十字架和三角撑，低矮树可用扁担桩，高大树木可用三角撑，风大树大的可二种桩结合起来用。

6.0.2 扁担桩的竖桩不得小于2.3m、入土深度1.2m，桩位应在根系和土球范围外，水平桩离地1m以上，两水平桩十字交叉位置应在树干的上风方向，扎缚处应垫软物。

6.0.3 三角撑宜在树干高2/3处结扎，用毛竹或钢丝绳固定，三角撑的一根撑干（绳）必须在主风向上位，其他两根可均匀分布。

6.0.4 发现土面下沉时，必须及时升高扎缚部位，以免吊桩。

7. 养护

7. 1 保墒措施

7.1.1 大树移植后应根据天气和树木生长状况采取相应的保墒措施。

7.1.2 天气多日不下雨，土壤干旱，应及时作堰浇足水。

7.1.3 土虽不干，但气温较高，空气干燥，应对地上部分树干、树冠包扎物及周围环境喷雾，时间早晚各一次，达到湿润即可。

7.1.4 久雨或暴雨时造成积水，必须立即开沟排水。

7.1.5 树穴范围内可种地被植物保墒。

7.2 剥芽

7.2.1 大树移植后应多留芽，剥芽严禁一次完成。

7.2.2 留芽应根据树木生长势及今后树冠发展要求进行，应多留高位壮芽，对有些留枝过长枝梢萌芽力弱的，应从有强芽的部位进行短截。

7.2.3 对切口上萌生的丛生芽必须及时剥稀，树冠部位萌发芽较好的，树干部位的萌芽应全部剥除。树冠部位无萌发芽时，树干部位必须留可供发展树冠的壮芽。

7.2.4 常绿树种，除丛生枝、病虫枝内膛过弱的枝外，当年可不必剥芽，到第二年修剪时进行。

7.3 加强观察，采取措施

7.3.1 应加强观察，根据实际情况采取养护措施。

7.3.2 发现病虫害时，必须及时防除。

7.3.3 叶绿有光泽，枝条水分充足，色泽正常，芽眼饱满或萌生枝正常，则可用常规养护。

7.3.4 叶绿而失去光泽，枝条显干，芽眼或嫩枝显萎，应查明原因，采取措施：

7.3.4.1 土干应立即浇水，土不干可进行叶面、树杆周围环境喷水。

7.3.4.2 留枝多的可适当抽一部分枝条。

7.3.5 叶水分足，色黄、落叶，应及时排水。

7.3.6 大量落叶，应及时抽稀修剪或剥芽。

7.3.7 叶干枯，不落，应作特殊抢救处理。

7.4 特殊抢救

7.4.1 应根据大树危险程度进行强修剪。

7.4.2 高湿季节在大树的上方和西部应搭荫棚。

7.4.3 气候干燥时，喷雾增加环境湿度，过多水份不宜流入土壤，宜可在树根部覆盖塑料薄膜。

7.4.4 可用 2‰～ 5‰尿素或磷酸二氢钾等进行根外追肥。

8. 管理

8.0.1 新移植大树必须有专人负责养护两年，做好现场管理工作。

8.0.2 树冠范围内不得堆物或作影响新移树成活的作业。

8.0.3 建筑工地处的新移大树，应在树冠范围外 2m，作围栏保护。

8.0.4 在采用井底抽水或灌浆法施工范围内，应在新移树木和抽水井之间挖观察井，观察到地下水位下降时应及时浇透水。

8.0.5 大树种植必须专人作好各项的记录。

8.0.6 对大树移植的各项资料均应根据上海市标准《园林植物栽植技术规程》第 4、2、9 条内容上报有关部门备案。

相关链接 ☞

http://jpkc.yzu.edu.cn/course2/ylsmzp/wlkj/cha0601.htm
http://www.njyl.com/article/s/581094-313730-0.htm
南京市园林局，南京市园林科研所. 2005.大树移植法. 北京：中国建筑工业出版社.
张秀英. 2005.园林树木栽培养护学. 北京：高等教育出版社.
成海钟. 2005.园林植物栽培养护. 北京：高等教育出版社.

习　　题

1. 植物栽培的季节和时间如何选择?
2. 园林植物栽植前的准备工作有哪些?
3. 如何对土壤进行消毒?
4. 树木栽植过程中保湿的措施有哪些?
5. 树种栽植过程中，挖穴有什么要求?
6. 夏季园林植物栽培过程中降温的措施有哪些?
7. 大树移栽前应该如何修剪?原理是什么?
8. 如何保证大树移栽的成活率?
9. 叙述植物栽植的程序及相关技术。
10. 如何看待当今“大树热”现象?

任务1.3 水生园林植物移栽与定植

【任务描述】 园林景观的设计与形成离不开水生植物的参与。通过项目的训练，能够选出适合目标地应用的水生植物，并能进行相对应的栽植与养护。

【任务目标】 1. 能够根据目标地点的自然条件选择适当的水生植物。
2. 对所选的水生植物进行栽植。
3. 对所选的水生植物进行养护。

【材料及工具】 植物材料：荷花、睡莲、千屈菜、香蒲、菖蒲、水葱、茭草、萍蓬草等。
工具：铁锹、移植铲、米尺、线绳等。

【安全要求】 正确使用铁锹、移植铲等工具，不用工具打斗。

【工作内容】

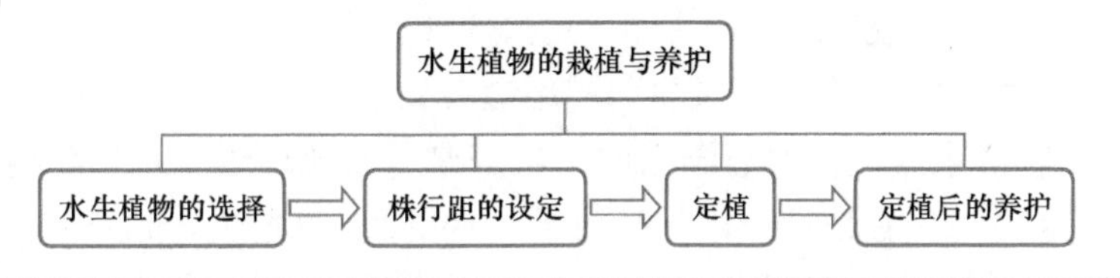

1.3.1　操作前的准备

1. 栽植场地的准备

根据大多的水生植物喜光、怕风的习性，用来栽植水生花卉的场地，最好地势平坦、背风向阳、光照充足，水位不能超过每个水生植物的原有生态环境要求。挺水植物最深水位不超过1.5m，水底土质肥沃，有20cm的淤泥层，水位稳定，水流畅通而缓慢。如果人工造园，修水生花卉区或水生植物观光旅游景点，有条件的可对每个种及品种修筑单一的水下定植池。缸、盆的选择应随种类的不同而定，缸高65cm，直径65～100cm；栽种时容器之间的距离应随种类的生态习性而定，一般株距20～100cm，行距150～200cm。

2. 栽培土壤的准备

水生花卉所用土壤是一个极为重要的条件。栽培水生花卉总的来说，要求疏松肥沃、保水力强、透气性好的土壤。露地栽培水生花卉，必须选择黏土土壤，而栽植水生花卉的池塘最好是池底有丰富的腐草烂叶沉积，并为黏质土壤。在新挖掘的池塘栽植时，要先施入大量的肥料，如堆肥、厩肥等。盆栽用土应以塘泥等富含腐殖质土为宜。

3. 水质的准备

沉水观赏植物在水下生长发育，需要相当的光照才能完成整个生育过程。要求水无

污染物，清澈见底，pH为5～7，但也有青海湖等盐水湖，其中观赏植物的生长环境pH在9左右。

4. 栽培植物的选择

水生植物选择时，可依不同的水位深度选择不同的类型及品种。应把握的准则即“栽种后的平均水深不能淹没植株的第一分枝或心叶”和“一片新叶或一个新梢的出水时间不能超过4d”。这里说的出水时间是新叶或新梢从显芽到叶片完全长出水面的时间，尤其是在透明度低、水质较肥的环境里更应该注意。

不同的地域环境选择不同的水生植物进行配置。在进行植物配置时，应以乡土植物品种进行配置为主，在人工湿地建设时更应遵循这个原则。而对于一些新奇的外来植物品种，在使用前，应该参考其在本地区或附近地区的生长表现后再确定。

首先确定所栽植的水生植物类型，是挺水的、浮水的、浮叶的还是沉水的植物。一般静水环境下选择浮叶、浮水植物，而流水环境下选择挺水类型植物，池塘边缘选择湿生植物。不同的植物栽培方法不同，所需要的材料也不同。

常见水生植物的生态特征及主要应用参考如下：

荷花　宜静水栽植，要求湖塘的土层深厚，水流缓慢，水位稳定，水质无严重污染，水深在40～120cm。栽植地必须保持每天有10h以上的光照。此外，荷花易被鱼类吞食，因此在种植前，应先清除湖塘中的有害鱼类，并用围栏加以围护，以免鱼类侵入。辽宁地处中国东北，土质肥沃，冬季温度较低，注意不耐低温品种冬季的防寒。

环境工程中，由于荷花的耐污染能力较强，对P、K吸收量较大，因此常作为表流式人工湿地系统、人工湿地末端强化深化处理工艺和人工湿地景观设计中的主要材料而加以应用（图1.3.1和图1.3.2）。

图1.3.1　荷花在水景中的应用

图1.3.2　铁岭莲花湖湿地中的荷花水景

香蒲　作为园林水景材料，可栽植于水景的角落或转角处作为点景；也可呈带状或片状集体栽植作为主景材料。人工湿地建设中，香蒲由于具有发达的根系和超强的耐污染能力，常作为潜流式人工湿地系统和污水前端处理的植物品种应用。在生态工程中，常作为湖岸固土护坡的主要品种予以应用，如图1.3.3所示。

水葱　常作为水景布置点景和主景材料。由于水葱的耐污染能力很强，因此在环境工

程中应用较广泛。水葱的根系深厚、发达，常应用于潜流式人工湿地系统中。水葱的适应能力强，发展迅速，也常应用于湖泊湿地的生态恢复工程中。

茭草 在园林景观中常成片、成块出现。在人工湿地建设中，一般用于表面流人工湿地系统和潜流式人工湿地系统。由于具有良好的耐污染能力，对养分的需求量也大，也常用于污水处理系统的前端处理工艺中。具有良好的固土护坡作用，在环境生态恢复工程中，常作为乡土植物品种和保护堤岸品种而广泛使用。

图1.3.3 香蒲小景

芦苇 株型飘逸，季相变化比较明显，为典型的乡土植物品种，广泛应用于各类水景园林中。对环境的适应能力较强，湖滨带生态恢复工程中，为主要的应用植物类型。芦苇的根系发达，耐污染能力很强，常作为人工湿地建设的处理植物应用于各工艺段中。

菖蒲 作为园林水景的景致材料应用已久，一般常成片或成块栽植于水域花坛中。人工湿地建设中，菖蒲常应用于潜流式人工湿地处理系统中。也常用于湖滨带生态恢复或保护工程中。

旱伞竹 常作为水景的点景材料。旱伞竹的耐污染能力较强，常应用于表面流人工湿地和潜流式人工湿地系统中。作为环境工程植物用苗时，一般选择生长旺盛、根系无损伤的植株栽植，或栽植后用净水养护至生长恢复，根系、新梢开始萌发后再行污水管护，以提高成活率。生态恢复工程中，只适宜应用于坡岸或堤坝附近，不适宜栽种于冬季淹水的环境。

千屈菜 在规则式石岸边种植，可遮挡单调枯燥的岸线。露地栽培按园林景观设计要求，选择浅水区和湿地种植。

花菖蒲应选择地势低洼或浅水区；浮水植物萍蓬草（图1.3.4）和水鳖种植于靠岸的水域。沉水植物上层菹草和微齿眼子菜种植于稍浅水域。沉水植物下层苦草（图1.3.5）、伊乐藻、黑藻、金鱼藻、狐尾藻等喜在清澈静止水体中生长，宜选择浅水和风浪小的湖区种植。

图1.3.4 萍蓬草

图1.3.5 苦草盆栽景观

5. 栽植前注意事项

沉水、浮水、浮叶植物从起苗到种植过程都不能长时间离开水，尤其是炎热的夏天施工，苗木在运输过程中要做好降温保湿工作，确保植物体表湿润，做到先灌水、后种植。如不能及时灌水，则只能延期种植。挺水植物和湿生植物种植后要及时灌水，如水系不能及时灌水的，要经常浇水，使土壤水分保持过饱和状态。

1.3.2 水生植物的栽植

1. 水生植物的栽植方法

水生植物栽植方法有栽插法、抛入法等，根据植物种类及立地条件的特点选择栽植方法，如水葱用抛入法即可。荷花在藕种栽插时，要一手护芽头、一手握藕茎，将种藕顶芽斜送入土内10cm。小的漂浮植物，例如浮萍和仙女蕨，可以直接撒在水面上。漂浮植物会被风吹到水池的各处，所以不必在意在什么位置种植。但对有的种类需加以控制，以免繁衍过度，而且对于大面积水池，最好不要种植漂浮植物。

在园林景观中，水生植物配置主要为片植、块植、丛植。片植或块植，一般都需要满种，即竣工验收时要求全部覆盖水面。

2. 水生植物的种植密度

园林植物的种植密度主要是由植物种类和景观要求决定，水生植物种植密度决定于分蘖特征。

水生植物依分蘖特性大致可以分成三类：一是不分蘖，如慈姑；二是一年只分蘖一次，如玉蝉花、黄菖蒲等鸢尾科植物；三是生长期内不断分蘖，如再力花、水葱等。针对这些不同的差别，种植密度可有小范围的调整。不分蘖的和一年只分蘖一次，但种植时已过分蘖期的则应密种，对第三类来说，可略为稀一些，但工程验收时必须要达到设计密度要求。

常见的水生植物的移栽或种植密度参考如下：

挺水类　荷花根据品种的不同确定株行距，一般在（0.7～1.5）m×（1.5～2.0）m左右。香蒲株行距30×40cm，2～3株/丛；茭草移栽株行距30×30cm；水葱移栽时30×40cm，种植时8～12芽/丛，株行距30×40cm；香蒲栽植株行距30×30cm，3～4株/丛；旱伞竹株行距（40～50）×（40～60）cm，3～5株/丛；千屈菜株行距30×30cm；花菖蒲株行距25×30cm。

其他如再力花10芽/丛、1～2丛/m^2；花叶芦竹4～5芽/丛、12～16丛/m^2；芦竹5～7芽/丛、6～9丛/m^2；慈姑10～16株/m^2；黄菖蒲2～3芽/丛、20～25丛/m^2；花叶水葱20～30芽/丛、10～12丛/m^2；千屈菜16～25株/m^2；泽泻16～25株/m^2；芦苇2～3芽/丛，16～20株/m^2；花蔺3～5芽/丛、20～25丛/m^2。

浮水类　睡莲1～2株/m^2；萍蓬草5株/m^2；荇菜5株/m^2；芡实1株/4～6m^2；菱3～5株/m^2；水鳖60～80株/m^2。

漂浮类　凤眼莲1～2株/m²，槐叶萍100～150株/m²等。

沉水类　苦草、伊乐藻、黑藻、金鱼藻、狐尾藻栽植密度可为20株/m²，2～3株散植。眼子菜、菹草、微齿眼子菜栽植密度可为20株/m²，5～8株丛植。

湿生类　斑茅20～30芽/丛，1丛/m²；蒲苇20～30芽/丛，1丛/m²；红蓼2～4株/m²；野荞麦5～7芽/丛，6～10丛/m²。

以上密度仅做种植参考，同种植物在同等条件下北方的种植密度应高于南方，不同立地条件和不同的植物造景需求，对植物种植密度也有一定范围的变化，栽植时要注意合理调配。

知识拓展

1. 水生植物无土栽培

水生植物的无土栽培常用水培的方式，具有轻巧、卫生、携带方便的优点，很适合家庭及机关、学校等企事业单位种养。

水培用容器的大小，依生产规模及要求而定，任何大小的花盆、水桶、木箱等容器都可进行水培，如图 1.3.6 所示；大规模生产可用水培槽，生产设施如图 1.3.7 所示。挪威、丹麦水培槽长 10m、宽 3m，可放 12cm 口径花盆 500 个以上。种植用水培槽最好不超过 1.5m，以便于操作，长度可不限。水培槽上用于固定、支撑水生花卉的基质，可选用蛭石、珍珠岩、石砾、河沙、石英砂等。国外有使用刨花、干草、稻草等混合物或用磨碎的树皮等做基质的。

图1.3.6　凤眼莲水培

无土栽培荷花，管理简便，节约养分，清洁，病虫害少，而且还能观赏到地下茎的生长情况，给人们增添了乐趣，因而深受花卉爱好者欢迎。

荷花无土栽培可选用玻璃水槽作培养床。要选择易于开花的小型莲花品种，如碗莲。水培时将种藕卧放于水槽边缘或砂石的表面，再用砂石将藕身压住使尾节上翘，然后灌入清水并浇入含氮、磷、钾、钙、镁等的营养液，以后每周浇一次。为简化配制营养液的手续，亦可每周向水槽内投放 1 ～ 2 片盆花通用的复合肥片，效果也很好。基质用蛭石＋河沙＋矾石者荷花生长发育最佳，营养液中以钾、镁、氮的含量高者，荷花生长良好；也有人则认为基质以卵石 +50%泥炭者较理想，营养液中氮的含量高于钾、锰的含量，最适荷花生长。

2. 水生植物反季节栽培

一般来说，水生植物大多在春、秋之间生长、开花，观赏效果较好，而冬季进入休眠。

随着科学的发展，人们可以利用促成栽培技术，打破水生花卉的休眠，让其在冬季展叶开花。

1）水生植物的反季节生产需要一定的设施条件，主要是栽培设施（温室或塑料棚）、保温设施（保温被或草帘等，有条件的可覆盖双层薄膜）、加温设施、补光设施、加湿设施等。反季节栽培可盆栽，也可池栽，池栽时水池的规格根据具体情况而定，珠海市农业科学研究中心，为迎接澳门回归进行荷花的反季节栽培实验，采取的栽培方式就是盆栽沉入水池中，水池长 8m、宽 1.5m、深 0.6m。

2）适宜反季节栽培的水生植物种类及栽培方法。常用来进行反季节栽培的水生植物有荷花、睡莲、千屈菜等。

通常在 9 月下旬至 10 月上旬，将水生植物根茎取出做种苗，如荷花的藕节、睡莲的块茎、千屈菜的根和枝条等，把处理好的种苗栽入盆内，放入水池中。池内放水，水位与盆沿持平。根据所栽培植物对水温度的要求，对池水加温，并随植物的生长不同阶段调节水温及补充光照，增加空气湿度。

如对荷花进行反季节栽培时，先要了解荷花的栽培特性，不同品种花期的早晚与外界因素的关系，在进行反季节栽培时，才知道设计配置哪些设备，采取哪些相应措施。满足该品种对主要生态因素的要求，反季节栽培自然成功。珠海农业科学研究所通过反季节栽培试验，认为荷花“龙飞”、“X2-9”、“羊城碗莲”、“火花”、“红霞”、“桌上莲”等 10 多个品种适合华南地区反季节栽培。

荷花在生长发育期间，除水是必不可少的外，温度、湿度的高低对开花有直接影响。无论秋、冬、春、夏均可使气温保持 22 ～ 32℃，湿度要达 75%～ 85%，荷花又是长日照植物，光照的长短、强弱影响荷花的生长与花期，光照要保证 10 ～ 12h，阴天的白天也要开灯补光。

睡莲中比较适合反季节栽培的是花小叶小，玲珑可爱的姬睡莲品种，如“海尔芙拉”、“紫珍妮”、“小白玉”、“小蓝星”等，只要经过一些特殊管理手段，即可实现四季花开不断。

操作时可在 9 月末将睡莲根茎由池里取出，重新栽入小盆，在其土面上覆盖一层沙砾或石子，以便压实，避免浮土逸出。将盆放入水池或水族箱内，水温保持 24 ～ 28℃，加强光照，避免因光照不足而影响茎叶生长，小睡莲会不断抽叶并开花不断。

考证提示

技能要求

1）能按设计图纸进行水生植物的栽培。

2）能进行栽培后的养护。

相关知识

1）常见园林水生植物的栽培技术。

2）水生植物栽培捕捞养护管理知识。

实践案例

水生植物的栽植

辽宁某一新建公园内有一人工湖面，约 5 亩，因建设需要，将栽植荷花若干，周边配植一些水生植物，水面还要配置一些浮水的植物和沉水的水生植物进行绿化装饰。

工作任务分析：本湖面主要以荷花为主景，定植的荷花，从外地购置种藕栽植，品种主要是黑龙江红莲、野生古代莲和花莲，颜色粉红，在运输或栽植的过程中要做好维护，防止品种的混杂。定植的其他水生植物有千屈菜、香蒲、萍蓬草、水鳖草等在东北地区能正常越冬的水生植物。

本次任务主要在一天内完成荷花的栽植。5 亩湖面多半栽荷花需 800 株种藕，需安排运输车辆一台，工人 6 名负责栽植。在工作过程中，运送种藕要轻拿轻放，防止顶芽受损。2 个人一组负责一个品种，防止品种混杂。植株高大品种栽湖中部，矮品种栽湖边。如果同时要栽其他植物，也是 2 个人负责一种类，相应增加人力。

栽植时期　荷花定植时间由荷花的生物学特性决定，即在气温相对稳定，藕苫开始萌发的情况下进行。根据我国气温特点，华北、东北地区都应在 4 月下旬至 5 月上旬期间进行，华南地区一般在 3 月中旬进行，华东、长江流域在 4 月上旬较为适宜。

栽植方法　花莲的栽植为达到花叶并茂的景观效果，每亩需要 250 株藕种，可遍植也可三五成墩植或散点植，有疏有密，为了提高观赏效果，多个品种栽植时，植株高大型品种栽在池中间，矮小型品种栽在池周边，中型品种栽在两者中间。

湖塘栽藕前水放浅至 10 ～ 15cm，将池泥挖一穴，手持种藕，让顶芽面向池中央，朝下呈 20°～ 25° 斜插入泥中，然后扒泥盖藕，用水泥团镇压，藕尾端翘出泥外，即埋头露尾（图 1.3.7）。

(a) 池泥挖穴

(b) 种藕顶芽朝下呈20°～25°斜插入泥

(c) 扒泥盖藕，藕尾端翘出

图1.3.7　荷花种植过程

知识补充

水生植物的栽培类型

(1) 容器栽培

容器的选择　水生植物中荷花、睡莲等常用容器栽培，栽培的容器可选用缸、盆、

图1.3.8　荷花盆栽

碗等，容器大小视栽培植物株型而定，植株大的荷花、水竹芋、香蒲等可用盆高60～65cm、口径60～70cm的大盆；植株稍小的莲花品种、千屈菜、睡莲宜用高20～25cm、口径30～35cm的中型花盆；较小或微型的碗莲、小睡莲可用碗或小盆栽培（图1.3.8）。

培养土处理　水生花卉栽培总的来说要求疏松肥沃、保水力强、透气性好的土壤。盆、缸栽水生花卉在人工配制培养土时，必须考虑下列问题：一是选择通气性好，含有大量的腐殖质，疏松、肥沃；二是注意土壤的酸碱度，大致上我国北方沿海平原地区为碱性土壤，南北区域的高山地带多为酸性土。北方栽种水生花卉的土壤pH为7.5～8；南方栽种水生花卉的土壤pH为5～7。

具体配制时，培养土可用干净的园土，去掉其中的小树枝等杂物，尽量不用塘里的稀泥。装盆前培养土要捣碎，要求土质疏松的种类如美人蕉，可掺一些泥炭土。

栽培方法　装盆时培养土只能装到容器的3/5，将水生植物栽入后再覆土浇水。莲藕栽种时顶芽朝下，右手握住藕的顶端，并用中指保护顶芽，靠近缸壁以20°～30°徐徐插入泥中，并让尾节露出泥面。

（2）湖塘栽培

在一些有水面的公园、风景区及居住区，常种植水生植物来布置水景，布置时要考虑水面面积、水的深浅而选用不同的水生植物，或创造适宜水生植物生存的环境。

湖塘栽培水生植物有三种不同的技术途径：

一是面积较小的池塘可将水位降到15cm处，然后用小铲在种植处挖小穴，种植秧苗后盖土即可。

二是面积较大、水位较高的池塘，可在池底适宜的水深处砌筑种植槽，再铺上至少15cm厚的腐殖质多的培养土，将水生植物植入土中。

有条件的地方，在冬末春初，大多数水生植物处于休眠状态时，放干池水，按事先设计的水生植物种植种类及面积用砖砌成围堰，填土提高种植穴，如荷花、美人蕉、王莲、纸莎草等畏水深的种类和品种；在不具备围堰的地方，荷花可用纺织袋将几株秧苗种在一起，扎好后绑好镇压物，沉入水底。

三是沉水盆栽，用容器栽植水生植物再沉入水中的方法，主要适宜于小型水景或展览，在国外的私家庭院常用此法，是根据植物的生长习性和人们的观赏要求，随时更换种类的一种特殊种植法。例如北方冬季须把容器取出来收藏以防严寒；在春季换土、加肥、分株的时候，作业也比较灵活省工。而且，这种方法能保持池水的清澈，清理池底和换水也较方便。

种植容器一般选用盆、木箱、竹篮、柳条筐等，一年之内不致腐烂的。一般深水植物多栽植于较小的容器中，将其分布于池底，栽植专用土上面加盖粗砂砾；浅水植物单

株栽植于较小容器或几株栽植于较大容器，并放置于池底，容器下方加砖或其他支撑物使容器略露出水面；睡莲应使用较大容器栽植，而后置池底，种植时生长点稍微倾斜，不用粗砂砾覆盖；荷花种植时注意不要伤害生长点，用手将土轻轻压实，生长点稍露出即可。

选用时应注意装土栽种以后，在水中不致倾倒或被风浪吹翻。一般不用有孔的容器，因为培养土及其肥效很容易流失到水里，甚至污染水质。培养土可使用水生植物专用土，上面加盖粗砂砾，防止鱼类的活动影响土壤。

另外，有不少水生植物在沼泽地和浅水区都可以生长，所以可利用它们在庭园与水池之间形成自然过渡。在池边构筑一个缓坡，适当调整水生植物的宽度，并在缓坡之上种繁茂的植物，以形成自然的效果。此外，注意缓坡上要覆盖肥沃的种植土，并一直延伸至水下，直到沙袋或卵石堆筑的挡土墙。

（3）生物浮床栽植

对于城市的污水河道、公园湖面及小区的水面景观，由于水面深度往往达到2～3m，很多植物都无法栽种，多数水体绿化工程中都采用了生物浮岛（人工浮床）（图1.3.9和图1.3.10）。人工浮床可根据水面宽窄和景观设计的需求，制造出点状、片状、文字花形等图案，彰显出景观独特性的同时改善水体环境。

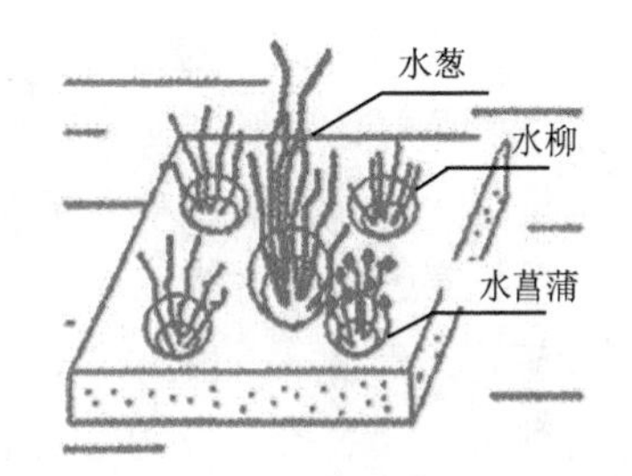

图1.3.9　人工浮床组合栽培示意

浮岛植物选择时，首先选择耐污抗污、根系发达、繁殖能力强又能开花的植物。主要选择挺水型植物。如美人蕉、千屈菜、旱伞草、水生鸢尾、香蒲、菖蒲等。

另外，水生观赏植物的布置要考虑到水面大小、水位深浅、种植比例与周围环境协调，植物的种植比例应占水面30%～40%为宜，可选择观花植物与观叶植物错位搭配，如美人蕉与旱伞草的搭配。

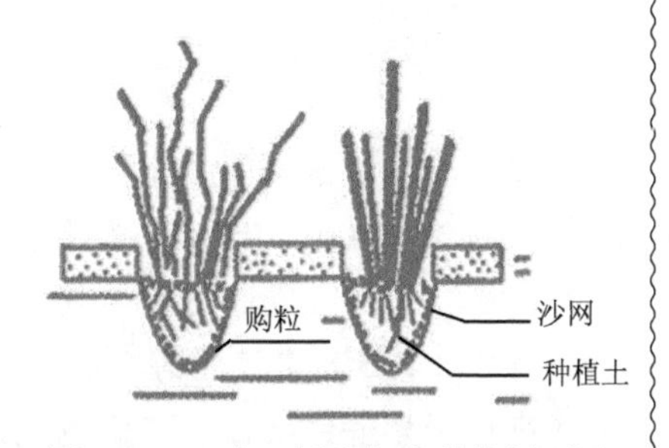

图1.3.10　人工浮床组合种植剖面图

浮岛植物栽培时，首先要考虑到植物栽培容器大小，由于千屈菜、美人蕉等挺水植物的根系一般较为发达，对生物浮岛上的栽培容器内径要求较为严格，一般在12cm左右比较合适，种植篮必须镂空，利于植物根系伸展。

其次应考虑某些水生植物水旱两性习性及栽培特点。为了使其更好地适应浮岛的种植篮，美人蕉通常先栽培在旱地里，然后把它的根部泥土抖净，在水里水培20d左右，高度长到20cm左右，再栽到种植篮里即可。这就是大家通常所说的改性美人蕉，类似的还有改性旱伞草。改性水生植物在栽培时要利用长度70～80cm海绵条一层层地把根包裹住。为了防止大风大浪刮倒植物，前期栽培可于根部周围放重250g左右的石头或砖头，增加稳定性。大约1个月后，在植物根部伸出许多须根，透过海绵条缠绕在镂空的种植篮里，这时植物根部牢牢固定在种植篮里，已具有很强的抗风浪性。

最后考虑到南北方的气候选择栽培时间。在云南等地，2月份基本上无霜冻，这时可栽培。中部地区最好在4月份以后，防止倒春寒。黑龙江最好在7月份栽植。

无论在春季或秋季栽培，水质与水生植物生长有很大关系。富营养化的污水不需施肥，而水质一般的区域，植物叶片可能出现黄化现象，此时可喷施叶面肥。

随着生长期渐长，浮岛上的植物会越来越茂盛，植物也会出现相应的病虫害，要注意防治。生物浮岛可为水面带来丰富的景观效果。

南北方水生植物应用不同点

水生植物在实际应用时，南方和北方不但在种植季节上有差异，且在种类选择、苗木规格和种植密度上也应区别对待。

南方和北方是相对的，一般来说，南北之间的差异主要是由于热量和水分条件不同引起，同一种类的水生植物在南方的植株生长期长、萌芽强、分生快、长势旺、体量高大。

北方绝大部分水生植物在冬季以地上部分枯萎、地下部分休眠度过最严酷的环境，在南方许多同样的种类却是常绿的。如再力花、水葱、花叶水葱、香蒲、水烛、黄菖蒲、菖蒲、泽泻、花叶芦竹、旱伞草等在广州、云南等地呈常绿状。

一些抗寒性差的种类在北方种植，或长势欠佳或难以露地越冬。如旱伞草、纸莎草、热带睡莲类、水罂粟、埃及莎草、姜花、紫芋等种类在北京地区就不能露地越冬。

同种水生植物在北方地区种植时，规格应大一些。如千屈菜最好用二年生苗，对于一些丛生的种类来说，每丛的芽数也应适当增加。

水生植物的养护

除草　由于水生植物在幼苗期生长较慢，所以不论是露地，缸盆栽种，都要进行除草。从栽植到植株生长过程中，必须时时除草，特别是要防水绵的危害。

追肥　一般在植物的生长发育中后期进行。可用浸泡腐熟后的人粪、鸡粪、饼类肥，一般需要2～3次。追肥的方法是：露地栽培可直接施入缸、盆中，这样吸收快。在追肥时，最好应用可分解的纸做袋装肥施入泥中。

水位调节　水生植物在不同的生长时期所需的水量也有所不同，调节水位学应掌握由浅入深，再由深到浅的原则。分栽时，保持5～10cm的水位，随着立叶或浮叶的生长，水位可根据植物的需要提高，一般在30～80cm。

防风防冻　水生植物的木质化程度低，纤维素含量少，抗风能力差，栽植时应在东南方向选择有防护林等的地方为宜。耐寒的水生花卉直接栽在深浅合适的水边和池中，冬季不需保护。休眠期间对水的深浅要求不严。半耐寒的水生花卉栽在池中时，应在初冬结冰前提高水位，使根丛位于冰冻层以下，即可安全越冬。少量栽植时也可掘起贮藏，或春季用缸栽植沉入池中，秋末连缸取出倒除积水，冬天放在没有冰冻的地方，保持缸中土壤不干即可。不耐寒的种类通常都盆栽沉到池中，也可直接栽到池中，秋冬掘出贮藏。在长江流域一带，正常年份可以在露地越冬，为了确保安全，可将缸、盆埋于土里，或在缸、

盆的周围包草、覆盖草防冻。

其他措施　有地下根茎的水生花卉，一般须在池塘内建造种植池，以防根茎四处蔓延影响设计效果。漂浮类水生花卉常随风移动，使用时要根据当地的实际情况，如需固定，可加拦网。

巩固训练

1. 根据授课季节和实训基地具体情况，以实训小组（5～8人）为单位，对水生植物进行栽培。
2. 以小组为单位，做一份水生植物栽培方案。

要求：组内同学要分工合作，相互配合；选择的行道树要有代表性和针对性；技术方案的制定要依据修剪的工作流程，要保证设备的完整性及人员的安全。

相关链接 ☞

园林学习网：http://www.ylstudy.com/thread-23300-1-1.html

华夏园林网：tttp://www.6789123.com

习　题

1. 简述水生植物栽植的方式。
2. 常用的水生植物有哪几类？水景布置在进行植物选择时注意哪些问题？
3. 怎样看水生植物生产与应用的发展趋势？

任务1.4　屋顶绿化与垂直绿化

【任务描述】 在创造现代宜居城市中，由于地面空间有限，要开拓新的绿化形式，充分利用有效的空间，屋顶绿化和垂直绿化就是有效利用空间的绿化形式。

【任务目标】 1. 掌握屋顶绿化和垂直绿化的相关知识。
2. 能进行屋顶绿化基质的配制与铺装。
3. 能进行屋顶绿化及垂直绿化苗木的栽植。

【材料及设备】 植物材料：草坪草、草本花卉、花灌木、小型乔木；各类培养土。
工具：铁锹、稿、耙子、运草及苗的工具、水管等。

【安全要求】 按技术要求进行培养土的配制、草坪草及花木苗的栽植。操作规范、正确。

【工作内容】

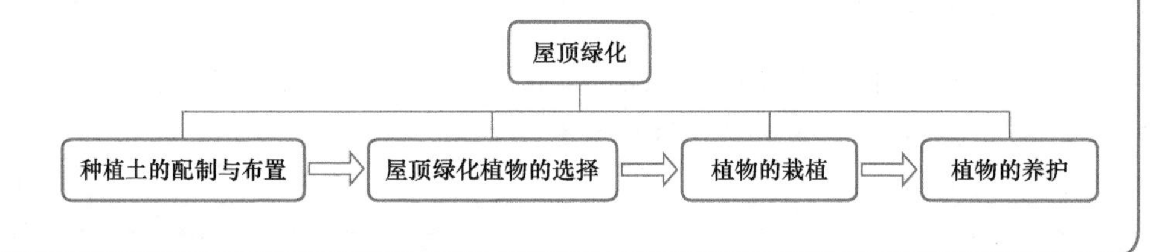

1.4.1　操作前的准备

1. 种植土的配制和布置

屋顶花园的种植土须具有重量轻、保水好、透水的特点，多采用人工合成的轻质土，如选用一些轻质材料如腐叶土、蛭石、珍珠岩、棉岩、锯木屑、谷壳、稻壳灰、炭渣、泥炭土、泡沫有机树脂制品等。在实践中，为同时达到轻质、肥效、保水、排水等良好的效果，通常是几种基质混合。东北草炭土、腐熟的锯屑、微生物有机肥、珍珠岩按5∶3∶1∶1比例组合的无土栽培配方，其干重为200kg/m^3，饱和湿重为450kg/m^3；草炭土、蛭石、砂土按照7∶2∶1混合，其水饱和容重为780kg/m^3；屋顶花园专用营养土，干重为300kg/m^3，饱和湿重为650kg/m^3。

人工种植土的厚度应根据配置的植物根系深浅来决定。常见植物对土壤厚度的最低要求是：草坪草15cm，草本花卉45cm，灌木60cm，乔木90cm。实际造园中一般草本为10～15cm，灌木20～25cm，小乔木30～40cm。

2. 屋顶花园绿化植物的选择与准备

草坪草的选择与准备　目前上海、深圳、江浙一带正在推广在屋顶栽植佛甲草，佛甲草根系较细，扎根浅，大部分草根网状交织分布在2cm的种植层内，有利于保护屋面结

构。另外一些有应用潜力的浅根性草本有活血丹，景天类的垂盆草也值得推广。国外一些科学家筛选了一些十分耐旱的地被植物，如矮种早熟禾，景天属、玉米石、长生草属和苔藓等。注意根据立地条件选择。

草本花卉的选择与准备 目前草本植物比较理想的屋顶绿化材料有昌兰、大丽花、美人蕉、菊花、矮牵牛、仙人掌，以及1～2年生草本花卉。在水槽中可种植睡莲、荷花、菱角等水生植物。根据设计要求，事先做好种苗的准备工作。

花灌木及小乔木的选择与准备 目前试验可以登顶的种类越来越多，沙地柏、侧柏、龙爪槐、大叶黄杨、女贞、紫叶小檗、西府海棠、樱花、紫叶李、木槿、迎春、连翘、碧挑、竹子、月季、紫薇、红瑞木、玫瑰等都比较适合屋顶绿化，选择时要根据本地的气候条件选择。栽植前确定苗源，做好起挖、包装、运输的准备工作。

爬蔓攀缘植物的应用 攀缘植物对于屋顶设备和广告架的覆盖有独到之处，可在屋顶建筑物承重墙处建种植槽栽植，也可在地面种植向屋顶爬。常春藤、扶芳藤、五叶地锦、爬山虎、野葡萄、葛藤等都在试种，多数表现良好，且造价低廉、施工简便。

1.4.2 栽植与处理

植草 铺装一次成坪草苗块，品种是佛甲草或矮生早熟禾。

植花、草、树木 栽前按设计图要求定点，然后挖穴，按常规露地花草树木种植方式进行栽植。在栽植过程中要注意栽植工序应紧密衔接，做到随挖、随运、随种、随灌，裸根苗不得长时间暴晒和长时间脱水。栽植穴大小应根据苗木的规格而定。苗木摆放立面应将较多的分枝均匀地与墙面平行放置。苗木栽植的深度应以覆土至根颈为准，根际周围应夯实。苗木栽好后随即浇水，次日再复水一次，两次水均应浇透。第二次浇水后应进行根际培土，做到土面平整、疏松。

1.4.3 屋顶绿化植物的养护

园林是“三分种、七分养”的工作，屋顶花园由于环境恶劣，其养护尤其重要。屋顶花园养护，主要是指花园主体景物的养护管理以及屋顶上的水电设施和屋顶防水、排水等方面的工作。主要的工作有4项:

水肥管理 应采取控制水肥的方法或生长抑制技术，防止植物生长过旺而加大建筑荷载和维护成本。灌溉间隔一般控制在10～15天。简单式屋顶绿化一般基质较薄，应根据植物种类和季节不同，适当增加灌溉次数。植物生长较差时，可在植物生长期内按照30～50g/m^{2}的比例，每年施1～2次长效N、P、K复合肥。

修剪 屋顶花园中一些植物基部易发生落叶或干枯现象，有的会长出徒长枝，这时要及时对植物进行修剪，疏去枯枝，回缩徒长枝，以保持植物的优美外形，减少养分的消耗，使其不破坏设计意图。而且由于根冠平衡的原理，可以通过对树木花卉的整形修剪抑制其根部的生长，减少根系对防水层的破坏。根据植物的生长特性，进行定期整形修剪。

及时疏通排水 从目前建成的屋顶花园来看，屋顶渗水影响到下层居民的生活是普遍

存在的一个问题，特别是在旧建筑物上增建的屋顶花园中更为突出。所以应及时清除排水口的垃圾，做好定期清洁、疏导工作。特别要注意勿使植物的枝叶和泥沙混入排水管道，造成排水管道的堵塞。

杂草、病虫害　在屋顶花园中，常常会有杂草侵入，杂草一旦侵入，往往会形成优势种，破坏原来的景观。上海常见的入侵植物有水花生、加拿大一枝黄花等，这就需要将之清除，以免对其他植物生存造成危害。病虫害防治上应采用对环境无污染或污染较小的防治措施，如人工及物理防治、生物防治、环保型农药防治等措施。

防风防寒　应根据植物抗风性和耐寒性的不同，寒冷季节采取搭风障、支防寒罩和包裹树干等措施进行防风防寒处理。使用材料应具备耐火、坚固、美观的特点。

知识补充

1. 屋顶绿化

（1）屋顶绿化的概念

屋顶绿化是在高出地面以上，周边不与自然土层相连接的各类建筑物、构筑物、立交桥等的屋顶、露台、天台、阳台或大型人工假山山体上进行造园，种植树木、花卉的绿化形式。与露地造园和植物种植的最大区别在于屋顶绿化是把露地造园和植物种植等操作搬到建筑物或构筑物上，种植土壤是由人工合成的。

（2）屋顶绿化的要求

屋顶绿化种植剖面是为植物层、种植土层、过滤层、排水层、防水层、保温隔热层和结构承重层等，如图 1.4.1 所示。

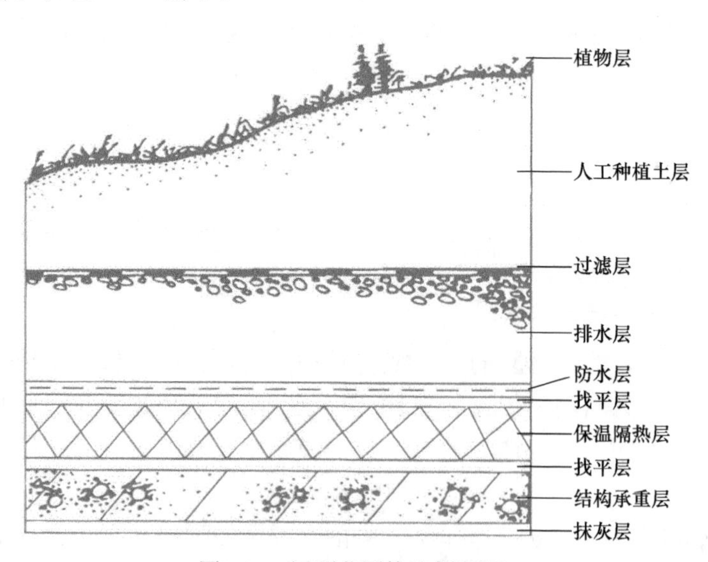

图1.4.1　屋顶花园构造剖面图

种植土　种植土常选用经过人工配制的即含有植物生长必需的各类元素，又要比露地土壤密度小的种植土。北京长城饭店屋顶绿化的种植基质中泥炭、砂土和蛭石比例为

7 ：1 ：2，密度为 780kg/m^3。种植层的厚度为 30 ～ 105cm。

过滤层　过滤层的材料种类很多，北京长城饭店屋顶绿化的过滤层选用的是玻璃化纤布，这种材料既透水，又能隔绝种植土小颗粒，而且耐腐蚀，造价也不高。

排水层　通常的做法是在过滤层下做 10 ～ 20cm 厚的轻质骨料的排水层，可用焦碴（5cm 厚）、陶粒（20cm 厚）等做骨料。屋顶种植土的下渗水和雨水可能过排水层进入暗沟或管网。排水系统可与屋顶雨水管道统一考虑。

防水层　建造屋顶绿化时应确保防水层的防水质量。

屋顶绿化的荷载　屋顶荷载是通过屋顶的楼盖梁板传递到墙、柱及基础上的荷载，包括活荷载和静荷载。活荷载又叫临时荷载，由积雪和雨水回流，以及建筑物修缮、维护等工作产生的屋面荷载。静荷载又叫有效荷载，是由屋面构造层、屋顶绿化构造层和植被层等产生的屋面荷载。

对于新建屋顶绿化，需按屋顶绿化的各层构造，计算出单位面积上的荷载，然后对房屋梁、柱、基础等进行计算，使两者一致。对于在原有屋顶上改建的屋顶绿化，应根据原有建筑屋顶构造、结构承重体系和地基基础、墙柱及梁板构件的承载能力，逐项进行结构验算。

（3）屋顶绿化的布置形式

屋顶绿化布置常见的有整片绿化、周边式绿化和庭园式绿化三种形式。

整片绿化　在屋顶上几乎种满植物，只留管理用的必需路径，主要起生态作用，供高处观赏之用。适合布置于方形、圆形、矩形等较小面积的平屋或平台。

周边绿化　沿屋顶四周女儿墙修筑花台或摆设花盆，居中的大部分场地供室外活动、休憩用。

庭园式绿化　有许多形式和不同的时代特征、民族风格。根据屋顶的功能和荷载，设计一些园林小品建筑，如精巧的楼阁、玲珑的亭廊、雕塑等。在经典园林的衬托下，再用乔灌木、花卉、草坪等进行装饰性的造景。如图 1.4.2 所示嘉兴某酒店屋顶花园示意图。

（4）屋顶绿化植物的选择

屋顶绿化植物的选择必须从屋顶的环境出发，首先考虑到满足植物生长的要求，然后才能考虑到植物配置艺术。

屋顶绿化要遵循植物多样性和共生性原则，由于覆土厚度及屋顶负荷有限，一般土层比较薄，植物品种的选择以生长特性和观赏价值相对稳定、滞尘控温能力较强的本地常用和引种成功的植物为主，以低矮灌木、草坪、地被植物和攀缘植物等为主，原则上不用大型乔木，有条件时可少量种植耐旱小型乔木。还应注意选择须根发达的植物，不宜选用根系穿刺性较强的植物，防止植物根系穿透建筑防水层；选择易移植、耐修剪、耐粗放管理、生长缓慢的植物；选择抗风、耐旱、耐高温的植物；选择抗污性强，可耐受、吸收、滞留有害气体或污染物质的植物。

根据屋顶绿化的环境特点，适宜于屋顶的绿化植物很多，常见的有黑松、罗汉松、大叶黄杨、雀舌黄杨、珊瑚树、棕榈、栀子花、夹竹桃、木槿、茉莉、花石榴、海桐、

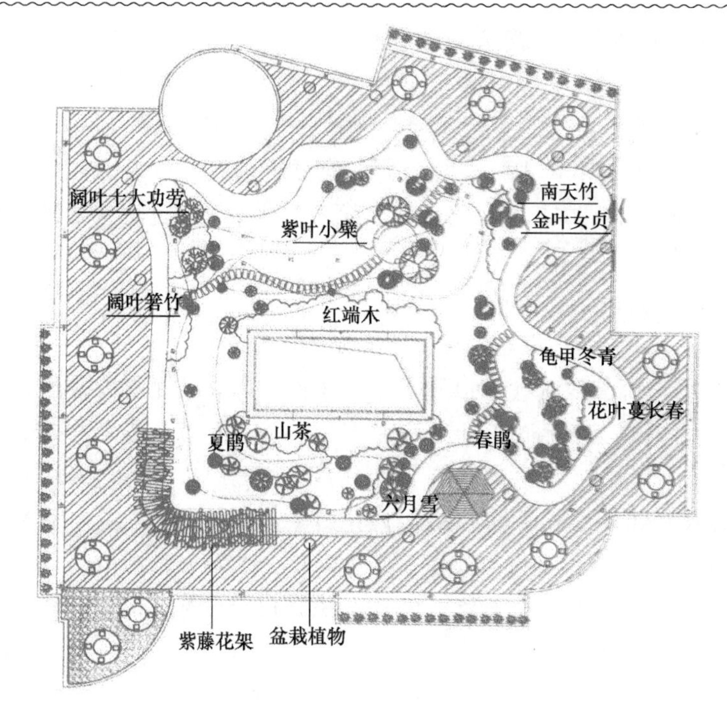

序号	数种	图例	数量
1	紫荆		15
2	含笑		9
3	小腊		6
4	石榴		6
5	桂花		2
6	龙柏球		6
7	海桐		12
8	红枫		11
9	迎春		33
10	紫薇		10
11	结缕草		

图1.4.2 嘉兴某酒店屋顶花园示意图

龙爪槐、紫荆、紫薇、海棠、蜡梅、寿星桃、白玉兰、紫玉兰、杜鹃、茶花、含笑、月季、橘子、金橘、美人蕉、大丽花、苏铁、鸡冠花、桃叶珊瑚、枸骨、葡萄、紫藤、常春藤、爬山虎、凌霄、金银花、扁豆、丝瓜、牵牛花、六月雪、桂花、菊花、麦冬、葱兰、黄馨、迎春、荷花、马蔺、牡丹、鸢尾、玉簪、一支黄花、金光菊、桔梗、宿根福禄考等。

(5) 屋顶绿化植物的栽植方式

植物种植方式选择时不仅要考虑功能及美观需要，而且要尽量减轻非植物的重量，有以下5种类型：

垂挂式 用藤本或垂挂式植物覆盖、垂挂在屋顶的女儿墙、檐口和雨篷边沿的绿化形式；也可用棚架进行植物景观的营造，用藤本植物缠绕藤架或者在棚架上悬挂一些盆栽植物。

装配式 利用各种造型的容器借助各种设施，可以在屋顶上栽植花草或搭成各种几何形体与动物造型图案，装配的布局可以根据时令及观赏要求变换形式重新布置，灵活且管理简便。

地毯式 在屋面载力有限的平屋顶上种植地被植物、矮型花灌木、时令草花等，种植品种简单，排列整齐。在高空鸟瞰，好似一块绿茸茸的地毯。

花园式 是一种开放式屋顶绿化形式，有现代和古典之分，在屋顶上以植物配植为主体，并结合假山、雕塑，可以组合成美好的屋顶景观。

盆栽式 将植物种植在花盆中，直接摆放在屋面上的一种栽培方式。草本类、木本类、瓜果类均可栽种。

其他的屋顶绿化的形式还有花坛式、篱壁式等。各种种植方式应配合使用，方能达到理想的绿化效果。

（6）屋顶绿化植物的栽植方法

植草有两种方法：一是铺装一次成坪草苗块，把佛甲草、太阳花、黄花万年草、卧茎佛甲草、白边佛甲草等多种景天植物单独或混种成一次成坪苗块。在屋顶铺植时省工快捷，可达到瞬间成景的效果。此法在上海、北京实施多年，总面积几十万平方米，是一项具有突破性的新技术。另一种方法是直接在基质上栽草，比铺植一次成坪苗块费时费工，但成活率不受影响。直接栽草的疏密度一定要合理，要做到黄土不露天。

藤本植物栽植，可在屋顶承重墙处建长100cm、宽30cm、高40cm的种植池，安装简易的滴灌设施，种植池边搭轻型花架，可种植豆角、南瓜、葫芦等观赏食用兼而有之的植物。也可在承重墙处建种植池，在屋面架设10cm高的植物架，中间铺设易于植物攀爬的尼龙网，使多种爬蔓植物爬满屋顶。

其他小灌木或一二年生花卉可直接栽在屋顶铺设的轻型营养基质上，也可盆栽布置。

（7）屋顶绿化植物的养护方法

减少人工养护，节省人力、财力的投入是屋顶绿化的原则之一，但这不等于不需要养护。随着屋顶草坪、空中花园的增多，其养护管理应纳入城市园林绿地的养护管理范畴，予以必要的专项投入。

2. 垂直绿化

垂直绿化又叫立体绿化，是在园林的立面空间进行绿化装饰的一种园林应用形式，主要是选择各类适宜植物，栽植于人工创造的环境，使绿色植物覆盖地面以上的各类建筑物、构筑物及其他空间结构的表面，利用植物向空间发展的绿化方式。垂直绿化在克服城市家庭绿化面积不足，改善不良环境等方面有独特的作用。据统计，2010上海世博会近240个场馆中，80%以上做了屋顶绿化、立体绿化和室内绿化。

（1）垂直绿化植物的概念、特点

垂直绿化植物是进行垂直绿化用的植物材料，垂直绿化植物具有以下特点：

植物种类繁多　适宜进行垂直绿化的植物既有各种藤本植物，又有各类灌木及草本植物。有紫藤、金银花、木通、南蛇藤、铁线莲等缠绕类藤本植物。有依靠茎上的不定根或吸盘吸附他物攀缘生长的爬山虎、凌霄、薜荔、常春藤等吸附类藤本。有葡萄等卷须类藤本。有迎春、迎夏、枸杞、藤本月季、木香等蔓生类植物。

对环境的适应能力强　很多的垂直绿化植物对温、光、水、土壤条件有很强的适应能力。

繁殖比较容易　草本蔓生植物多用种子繁殖；木质藤本因其茎蔓与地面或其他物体接触广泛，极易产生不定根，故大多采用扦插繁殖。常绿种类采用带叶嫩枝扦插，可在生长季进行，南方冬暖地区，几乎全年均可操作；落叶种类，多在春季发芽前采用硬枝扦插法，成活率高，容易形成大量的种苗。具有吸附根的垂直绿化植物类型，可直接截取带根的茎段，进行分株繁殖，方便快捷。对扦插生根较难的种类，可采用压条法繁殖，茎长而柔软的种类，波状压条，一次可得多数新株。营养繁殖的具体操作方法，与一般观赏植物相同。

应用形式多样　垂直绿化植物多为蔓性、藤本植物，植株柔软，茎杆不能直立，可随攀附物的形状不同呈现不同的应用形式。

（2）垂直绿化的应用形式及常用植物选择

1）城市垂直绿化。

篱垣、棚架绿化　是园林中应用最早也是最为广泛的垂直绿化形式。藤本植物在栅栏、铁丝网、花格围墙上缠绕攀附，或繁花满篱，或枝繁叶茂、叶色秀丽，可使篱垣因植物的覆盖而显得亲切、和谐。栅栏、花格围墙上多选用钩刺类和缠绕类植物攀附其上，既美化了环境，又具有很好的防护功能。常用的植物有藤本月季、金银花、扶芳藤、凌霄等。

在庭院、天井、公园内，用竹木、铁、混凝土构件等搭成各式棚架，让攀缘植物牵引其上，让其爬满棚架。棚架设置一类是以经济效益为主、以美化和生态效益为辅的棚架绿化，在城市居民的庭院之中应用广泛，深受居民喜爱，主要是选用经济价值高的藤本植物攀附在棚架上，如葡萄、猕猴桃、五味子、金银花等，既可遮荫纳凉、美化环境，同时也兼顾了经济利益。另一类是以美化环境为主、以园林构筑物形式出现的廊架绿化，形式极为丰富，有花架、花廊、亭架、墙架、门廊、廊架组合体等，利用观赏价值较高的垂直绿化植物在廊架上形成的绿色空间，或枝繁叶茂，或花果艳丽，或芳香宜人，既为游人提供了遮荫纳凉的场所，又为城市园林中独特的景点。

常用于廊架绿化的藤木主要有紫藤、木香、金银花、藤本月季、凌霄、铁线莲、叶子花等。在具体应用时，应根据实际的空间环境，以及廊架的体量、造型合宜来选择适宜的藤本植物相配植，并注意二者之间在体量、质地和色彩上取得对比和谐的景观，如杆、绳结构的小型花架，宜配置蔓茎较细、体量较轻的种类；对于砖、木、钢筋混凝土结构的大、中型花架，则宜选用寿命长、体量大的藤木种类；对只需夏季遮荫或临时性花架，则宜选用生长快，一年生草本或冬季落叶的类型。应用卷须类、吸附类垂直绿化植物时，棚架上要多设些间隔，便于攀缘；对于缠绕类、悬垂类垂直绿化植物，则应考虑适宜的缠绕支撑结构，并可在初期对植物加以人工的辅助和牵引。

图1.4.3　雅典娜酒店外的墙面绿化

壁面绿化　是附壁式垂直绿化形式，指在各类建筑物墙体外表面进行的绿化。在建筑物外墙面进行绿化，可极大地丰富墙面景观，增加墙面的自然气息，对建筑外表面具有良好的装饰作用。在炎热的夏季，墙体垂直绿化，更可有效阻止太阳辐射、降低居室内的空气温度，具有良好的生态效益。如图 1.4.3 所示雅典娜酒店外的墙面绿化。

壁面绿化包括攀缘类壁面绿化和设施类壁面绿化。

攀缘类壁面绿化是利用攀缘类植物吸附、缠绕、卷须、钩刺等攀缘特性，使其在生长过程中依附于建筑物的垂直表面，在目前城市垂直绿化面积中占有很大的比例。由于不同植物的吸附能力差异很大，植物选择时要根据各种墙面的质地来确定，在水泥砂浆、清水墙、水刷石、块石、条石等墙面，多数吸附类攀缘植物均能攀附，如凌霄、美国凌霄、爬山虎、美国爬山虎、扶芳藤、络石、薜荔、常春藤、洋常春藤等。但对于石灰粉墙墙面的垂直绿化，由于石灰的附着力弱，在超出承载能力范围后，常会造成整个墙面垂直绿化植物的坍塌，故只宜选择爬山虎、络石等自重轻的植物种类。

壁面绿化除了采用直接吸附的形式外，也可在墙面安装条状或网状支架，使卷须类、悬垂类、缠绕类的垂直绿化植物借支架绿化墙面。支架形式要考虑有利于植物的攀缘、人工缚扎牵引和养护管理。用钩钉、骑马钉等人工辅助方式也可使无吸附能力的植物茎蔓，甚至是乔、灌木枝条直接附壁，但此方式只适用于小面积的垂直绿化，用于局部墙面的植物装饰。

壁面绿化还可以在墙体的顶部设花槽、花斗，栽植枝蔓细长的悬垂类植物或攀缘植物，悬垂而下，如常春藤、洋常春藤、金银花、红花忍冬、木香、五叶地锦、迎夏、迎春、云南黄馨、叶子花等，尤其是开花、彩叶类型装饰效果更好。

女儿墙、檐口和雨篷边缘墙外管道还可选用适宜攀缘的常春藤、凌霄、爬山虎等进行垂直绿化。也可以选择一些悬垂类植物如云南黄馨、十姐妹等盆栽，置于屋顶，长长的藤蔓形成如绿色锦面。

攀缘类壁面绿化需要很长时间才能布满整个墙壁，绿化速度慢，绿化高度也有限制。

设施类壁面绿化是近年来新兴的壁面绿化技术，在墙壁外表面建立构架支持容器模块，基质装入容器，形成垂直于水平面的种植土层，容器内植入合适的植物，完成壁面绿化。设施类壁面绿化不仅必须有构架支撑，而且多数需有配套的灌溉系统，如图 1.4.4 所示。

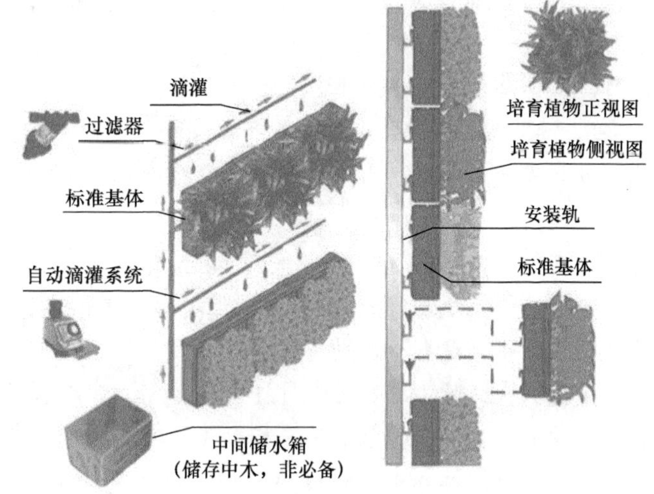

图1.4.4 上海世博会生态绿墙示意

壁面绿化在选择垂直绿化的植物材料时，要根据立地条件，如向阳的墙面温度高、湿度低、光照好，要选择喜光、耐旱、适应性强的藤本月季、藤本蔷薇、木香、凌霄等。向阴墙面日照时间短，温度低、湿度大，要选耐阴湿的络石、长春藤、金银花等植物。

用于墙面贴植的植物应选择有 3 ～ 4 根主分枝，枝叶丰满，可塑性强的植株。常绿植物非季节性栽植应用容器苗，栽植前或栽植后都应进行疏叶。

挑台绿化　是在阳台、窗台等各种容易人为进行养护管理操作的小型台式空间进行绿化，使用槽式、盆式容器盛装介质栽培植物是常见的绿化方式。

阳台和窗台是楼层的半室外空间，是人们在楼层室内与外界自然接触的媒介，是室内外的节点。在阳台、窗台上种植藤本、花卉和摆设盆景，不仅使高层建筑的立面有着绿色的点缀，而且像绿色垂帘和花瓶一样装饰了门窗，使优美和谐的大自然渗入室内，增添了生活环境的生气和美感。

挑台绿化的方式也是多种多样的，如可以将绿色藤本植物引向上方阳台、窗台构成绿幕;可以向下垂挂形成绿色垂帘。应用的植物可以是一二年生草本植物，如牵牛、茑萝、豌豆等，也可用多年生植物如金银花、蔓蔷薇、吊金钱、葡萄等;花木、盆景更是品种繁多。

无论是阳台还是窗台的绿化，都要充分考虑挑台的荷载，切忌配置过重的盆槽。栽培介质应尽可能选择轻质、保水保肥较好的腐殖土等，选择叶片茂盛、花美鲜艳的植物，使得花卉与窗户的颜色、质感形成对比，相互衬托，相得益彰。云南黄馨、迎春、天门冬等悬垂植物是挑台绿化的良好选择，同时也可以选用丝瓜、葡萄、葫芦等蔬菜瓜果，增添生活情趣。

园门造景　属框状垂直绿化形式，城市园林和庭院中各式各样的园门，如果利用藤木攀缘绿化，则别具情趣，可明显增加园门的观赏效果。造景时，可按门窗大小做成梯形架侧立于门窗旁，上部用竹杆等材料横置一框，将植物牵引顺势向上生长，爬满门窗四周。

适于园门造景的藤木有叶子花、木香、紫藤、凌霄、金银花、藤本月季、爬山虎、络石等观叶观花藤本，利用其缠绕性、吸附性或人工辅助攀附在门廊上；也可进行人工造型，或让其枝条自然悬垂。

岸、坡、山石、驳岸的垂直绿化　可选择两种形式进行。绿化材料有既可在岸脚种植带吸盘或气生根的爬山虎、常春藤、络石等，亦可在岸顶种植垂悬类的紫藤、蔷薇类、迎春、迎夏、花叶蔓。

陡坡采用藤本植物覆盖，一方面遮盖裸露地表，美化坡地，起到绿化、美化的作用，另一方面可防止水土流失，又具有固土之功效。一般选用爬山虎、葛藤、长春藤、藤本月季、薜荔、扶芳藤、迎春、迎夏、络石等。

在花坛的台壁、台阶两侧可种植爬山虎、常春藤等，其叶幕浓密，使台壁绿意盎然，自然生动；在花台上种植迎春、枸杞等蔓生类藤本，其绿枝婆娑潇洒，尤如美妙的挂帘。

山石是现代园林中最富野趣的点景材料，藤本植物的攀附可使之与周围环境很好地协调过渡，但在种植时要注意不能覆盖过多，以若隐若现为佳。常用覆盖山石的藤木有爬山虎、常春藤、扶芳藤、络石、薜荔等。

树干、电杆、灯柱等柱干绿化　可攀缘具有吸附根、吸盘或缠绕茎的藤木，形成绿柱、花柱。金银花缠绕柱干，扶摇而上；爬山虎、络石、长春藤、薜荔等攀附干体，颇富林中野趣。但在电杆、灯柱上应用时要注意控制植株长势、适时修剪，避免影响供电、通信等设施的功能。

一些具吸盘或吸附根的攀缘植物如爬山虎、络石、常春藤、凌霄等可用于小型拱桥、

石墩桥的桥墩和桥侧面的绿化，涵盖于桥洞上方，绿叶相掩，倒影成景；也可用于高架、立交桥立柱的绿化。

2）室内垂直绿化。

宾馆、公寓、商用楼、购物中心和住宅等室内的垂直绿化，可使人们工作、休息、娱乐的室内空间环境更加赏心悦目，达到调节紧张、消除疲劳的目的，有利于增进人体健康。室内垂直绿化可有效分隔空间，美化建筑物内部的庭柱等构件，使室内空间由于绿化而充满生气和活力。

室内的植物生长环境与室外相比有较大的差异，如光照强度明显低于室外，昼夜温差亦较室外要小，空气湿度较小等，因此在室内垂直绿化时必须首先了解室内环境条件及特点，掌握其变化规律，根据垂直绿化植物的特性加以选择，以求在室内保持其正常的生长和达到满意的观赏效果。室内垂直绿化的基本形式有攀缘和吊挂，可应用的种类有常春藤（包括其观叶品种）、络石、花叶蔓、热带观叶类型的绿蔓、红宝石、各种吊兰等，也可在室内设置绿墙（图 1.4.5）。

图1.4.5　室内垂直绿化示例

3. 垂直绿化植物的栽培方法

栽植季节　落叶树种的栽植，应在春季解冻后，发芽前或在秋季落叶后，冰冻前进行；常绿植物的栽植应在春季解冻后，发芽前或在秋季新梢停止生长后，霜降前进行。

在近墙地面事先留有种植带或建成种植槽，要求种植带的宽度在 50 ～ 150cm，土层厚度在 50cm 以上，种植槽宽度在 50 ～ 80cm，高度在 40 ～ 70cm，槽底每隔一段距离要设排水孔，也可用缸栽，缸底要留有排水孔，用肥沃的壤土做种植土。栽植前对植物进行修剪，剪掉多余的丛生枝条，选留主枝。

栽植间距　藤本植物的栽植间距应根据苗木品种、大小及要求见效的时间长短而定，宜为 40 ～ 50cm。墙面贴植，植物根部距建筑物和构筑物的墙面 15cm 左右，植物栽植间距宜为 80 ～ 100cm。

枝条固定　栽植无吸盘的绿化材料，应予牵引和固定。植株枝条应根据长势分散固定；固定点的设置，可根据植物枝条的长度、硬度而定；墙面贴植应剪去内向、外向的枝条，保存可填补空当的枝叶，按主干、主枝、小枝的顺序进行固定，固定好后应修剪平整。

考证提示

1. 屋顶绿化容器及基质选择原则。
2. 垂直绿化的施工流程。

实践案例

屋顶绿化培养土的配制与布置

某单位，要在500m^{2}的开敞型屋顶建一庭院式屋顶花园，在规划设计中安排了棚架，水池，小花灌木若干，盆花200盆及其他的时令花草若干。

栽培植物选择　屋顶环境特殊，屋顶绿化植物应具备体量小、喜光、浅根性、抗旱、耐瘠薄、耐旱以及抗风力强、生长缓慢等特点。操作时依规划设计要求选择植物种类，具体植株选择要注意植株健壮、完整。

栽培环境分析　屋顶平面为规则的长方形，屋顶周围的女儿墙高1m，种植池大树区培养土厚1.5m，生长季节温度高、受日照时间长，光照好、风速比地面大，水分蒸发快。植物水分的供应受限制。气流通畅清新，风力较大，污染少，空气混浊度低。

屋顶情况特殊，必须配制培养土才能种植植物，在不同栽植部位培养土的厚度不同。而植物的栽植与地面栽植相同，所以本次任务主要完成培养土的配制与布置。大约需工人5名，一天内完成。

1. 培养土的配制

东北草炭土、腐熟的锯肖、微生物有机肥、珍珠岩按5∶3∶1∶1比例组合的无土栽培配方配制栽培用土。一般屋顶绿化覆盖率指标必须保证在50%～70%，以发挥绿化的生态效益，环境效益和经济效益。先根据绿化的面积，按平均厚度20cm计算出所需种植土的总值，再大至算出各种培养涂料的用量。

将各种涂料按比例要求混合在一起备用。

2. 培养土的布置

按照图纸上草及花木的布置，根据不同植物对图层厚度的需求，辅种植土。土层厚度控制在最低限度。一般草皮等低矮地被植物，草本为10～15cm，灌木20～25cm，小乔木30～40cm。草地与灌木之间以斜坡过渡。

巩固训练

1. 根据授课季节和实训基地具体情况，以实训小组（5～8人）为单位，对办公楼前的墙面进行绿化。

2. 以小组为单位，做一份屋顶绿化技术方案。

要求：组内同学要分工合作，相互配合；技术方案的制定要依据修剪的工作流程，要保证设备的完整性及人员的安全。

标准与规程

成都市屋顶绿化及垂直绿化技术导则
（试行）

一、总则

1.1 城市屋顶绿化及垂直绿化是城市绿化的重要形式之一，是改善城市生态环境，丰富城市绿化景观的有效途径。多年来，成都市的屋顶绿化及垂直绿化在相关部门的积极倡导和广大社会单位及市民的积极参与下，取得了不少成功的范例，已成为城市绿化的特色之一。为提高成都市的屋顶绿化及垂直绿化水平，科学地规范和指导我市屋顶绿化及垂直绿化建设，促进我市屋顶绿化及垂直绿化健康有序的发展，为创建国家园林城市创造条件，在充分总结已有屋顶绿化及垂直绿化成功的经验基础上，编制《成都市屋顶绿化及垂直绿化技术导则》（施行）。

1.2 导则编制主要依据

《城市园林绿化技术操作规程》(DB 51/510016－1998),《屋面工程技术规范》(GB 50345－2004),《屋面工程质量验收规范》（GB 50207－2002),《成都市建设项目公共空间规划管理暂行办法》（成府发[2001]223 号）。

1.3 名词术语解释

屋顶绿化：植物栽植于建筑物顶部，不与大地土壤边接的绿化。

垂直绿化:利用植物材料沿建筑立面或其他构筑物表面攀扶、固定、贴植、垂吊形成垂直面的绿化。

二、屋顶绿化技术导则

2.1 适用范围：12 层以下、40m 高度以下的建筑物屋顶。

2.2 设计

2.2.1 屋顶绿化设计由具有建筑和园林设计资质的单位承担，须对屋顶绿化荷载进行验算，屋顶绿化设计应满足建筑消防及安全要求，必须处理好建筑承载能力、防渗漏以及给排水等。

2.2.2 设计应简洁美观实用，绿化种植总面积应占屋顶总面积 50% 以上。

2.2.3 种植设计坚持生态和景观相结合的原则。

2.3 荷载（承重、负荷）处理

2.3.1 设计活荷载大于 350kg/ m^2 的屋顶，根据荷载大小，除种植地被、花灌木外，可以适当选择种植小乔木。

2.3.2 设计活荷载在 200 ～ 350kg/m^2 以内的屋顶，根据荷载大小，栽植植物以草坪，地被植物和小灌木为主。

2.3.3 设计活荷载 200kg/m^2 以下的屋顶不宜进行屋顶绿化。

2.4 防水处理

2.4.1 屋面加砌花台、花架、水池、安装管线等施工活动，均不得打开和破坏原屋面防水层。

2.4.2 在进行屋顶绿化施工时，首先在原屋面增加一层柔性防水层，且按相关技术规范操作。

2.4.3 屋面进行两次闭水试验以确保防水质量，第一次在屋顶绿化施工前进行，第二次在绿化种植前，每次闭水时间不小于 72 小时。

2.5 排水

2.5.1 设置完善的排水系统，种植层下必须设置过滤层、排水层，种植面层应保持排水的坡度，保证排水畅通。

2.5.2 砌筑花台不能利用女儿墙为其边，应根据排水槽宽度间隔一定距离，一般间隔距离 >20cm，材料应选用轻质材料。

2.6 灌溉　预留水栓和其他供水设施确保灌溉。

2.7 种植床

2.7.1 种植床结构包括种植层、过滤层、排水层、防水层。种植床厚度应根据屋顶设计活荷载数值确定，各层总容重应小于 1000kg/m^3。

2.7.2 种植层：种植层一般选用壤土、泥炭土（草碳土）、蛭石（珍珠岩、锯末）等混合而成。如壤土＋泥炭＋蛭石（珍珠岩、锯末），也可选用具一定肥力的其他介质。

2.7.3 过滤层：可用无纺布（200g/m^2 以下）的或者其他不易腐烂又能起到过滤作用的材料。

2.7.4 排水层：可用粗碳渣、砾石或其他物质组成，厚度 5cm 为宜，也可用塑料排水板等其他新型排水材料。花池每隔一定距离，设置排水孔。

2.8 植物材料选择

一般选择适应性强、耐干旱、耐瘠薄、喜光的花、草、地被植物、灌木，藤本和小乔木。不宜选用根系穿透性强和抗风能力弱的乔、灌木（如黄葛树、小叶榕、雪松等）。

2.9 面积计算方法

绿化种植面积大于屋面总面积 60% 的按屋面全面积计算，低于 60% 的按实际种植面积计算。

2.10 养护管理

2.10.1 定期检查构筑着物的安全性，疏通排水管道，防止被枝叶、泥土等阻塞；注意防风、防倒伏。

2.10.2 修枝整形，控制植物生长过大、过密、过高。

2.10.3 施肥、浇水 施肥宜用复合型有机肥，浇水保持土壤湿润，确保植物正常生长。

2.10.4 注意检查和防治病虫害。

三、垂直绿化技术导则

3.1 适用范围　棚架、建筑物墙体、围墙、桥柱、桥体、道路护坡、河道堤岸以及其他构筑物等。

3.2 辅助措施

3.2.1 沿墙边、桥体、桥柱设置 30 ～ 50cm 深，20cm 以上宽度的种植槽，铺 5 ～ 10cm 厚度的排水层，在槽底部每间隔一定距离设排水孔，以利排水。

3.2.2 可选用塑料网等材料沿墙边、桥体、桥柱铺设 3m 以上高度的辅助网，利于植物攀缘。

3.2.3 除地栽外，种植土要求轻型、保水、富含养分。

3.3 植物材料选择 选用攀缘、悬垂等类植物。攀缘植株体长度 1m 以上。

3.4 种植要求　墙体垂直绿化攀缘植物种植的株距≤ 20cm 为宜，用于编制建筑物墙体的绿墙，种植株距≤ 10cm 为宜，其他的则根据植物材料大小及用途而定。

3.5 养护管理

3.5.1 根据用途和安全需要做好修枝整形。

3.5.2 定期进行辅助牵引材料的安全检查，排除安全隐患。

3.5.3 做好病虫害防治和水肥管理。

3.6 计算方法

3.6.1 绿地面积按种植面积计算。

3.6.2 绿化覆盖面积按绿化覆盖垂直投影面积计算。

3.6.3 垂直绿化和绿墙按种植长度计算。

相关链接 ☞

http://jpkc.yzu.edu.cn/course2/ylsmzp/wlkj/cha0601.htm

http://www.njyl.com/article/s/581094-313730-0.htm

http://www.hainer.cn/greening/10-26.html

习　　题

1. 简述屋顶绿化植物的选择要点。
2. 垂直绿化有哪些形式？
3. 怎么看垂直绿化应用的前景？

园林植物的整形修剪

教学指导 ☞

项目导言

整形修剪是园林植物栽培及管护中的经常性工作之一。园林树木的景观价值需通过树形、树姿来体现，园林树木的生态价值要通过树冠结构来提高，园林树木的生命价值可通过更新复壮来延续，所有这些都可以在整形修剪技术的应用下得以调整和完善。此外，园林树木的病虫防治和安全生长，也都离不开整形修剪措施的落实。

知识目标

1. 园林植物修剪的目的、原则。
2. 园林植物修剪的时期和常用的修剪方法。
3.常见的修剪手法及修剪技术。

技能目标

1. 行道树的整形修剪的方法与修剪后的管理。
2. 花灌木的整形修剪的方法与修剪后的管理。
3. 绿篱的整形修剪的方法与修剪后的管理。
4. 地被的整形修剪的方法与修剪后的管理。

知识准备

整形修前基础

1. 整形修剪的目的

（1）调控树体结构

整形修剪可使树体的各层主枝在主干上分布有序、错落有致、主从关系明确、各占一定空间，形成合理的树冠结构，满足特殊的栽培要求。

（2）调控开花结实

修剪打破了树木原先的营养生长与生殖生长之间的平衡，重新调节树体内的营养分配，促进开花结实。正确运用修剪可使树体养分集中、新梢生长充实，控制成年树木的花芽分化或果枝比例。及时有效的修剪，既可促进大部分短枝和辅养枝成为花果枝，达到花开满树的效果，也可避免花、果过多而造成的大小年现象。

（3）调控通风透光

当自然生长的树冠过度郁闭时，内膛枝得不到足够的光照，致使枝条下部光秃形成天棚型的叶幕，开花部位也随之外移呈表面化；同时树冠内部相对湿度较大，极易诱发病虫害。通过适当的疏剪，可使树冠通透性能加强、相对湿度降低、光合作用增强，从而提高树体的整体抗逆能力，减少病虫害的发生。

（4）平衡树势

提高移栽树的成活率　树木移栽特别是大树移植过程中伤失了大量的根系，如直径10cm的出圃苗木，移栽过程中可能失去95%的吸收根系，因此必须对树冠进行适度修剪以减少蒸腾量，缓解根部吸水功能下降的矛盾，提高树木移栽的成活率。

促使衰老树的更新复壮　树体进入衰老阶段后，树冠出现秃裸，生长势减弱、花果量明显减少，采用适度的修剪措施可刺激枝干皮层内的隐芽萌发，诱发形成健壮的新枝，达到恢复树势、更新复壮的目的。

2. 行道树整形修剪的时期

（1）休眠期修剪（冬季修剪）

大多落叶树种的修剪，宜在树体落叶休眠到春季萌芽开始前进行，习称冬季修剪。此期内树木生理活动滞缓，枝叶营养大部回归主干、根部，修剪造成的营养损失最少，伤口不易感染，对树木生长影响较小。

（2）生长季修剪（夏季修剪）

可在春季萌芽后至秋季落叶后的整个生长季内进行，此期修剪的主要目的是改善树冠的通风、透光性能，一般采用轻剪，以免因剪除枝叶量过大而对树体生长造成不良的影响。

3. 修剪手法

（1）短截（图2.0.1）

又称短剪，指对一年生枝条的剪截处理。枝条短截后，养分相对集中，可刺激剪口

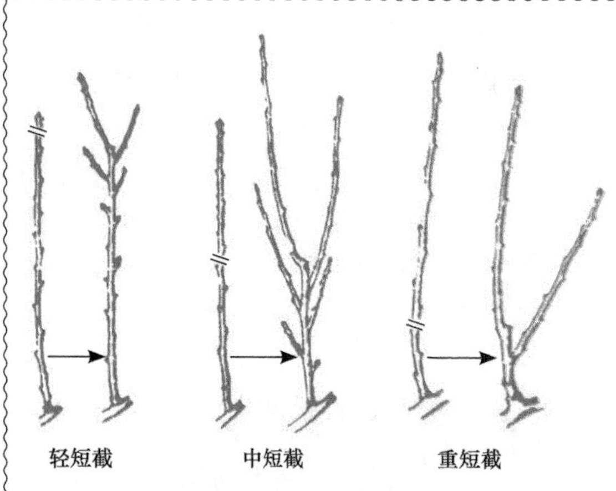

图2.0.1　短截的不同反应

下侧芽的萌发，增加枝条数量，促进营养生长或开花结果。短截程度对产生的修剪效果有显著影响。

轻短截　剪去枝条全长的 1/5 ～ 1/4，主要用于观花观果类树木的强壮枝修剪。枝条经短截后，多数半饱满芽受到刺激而萌发，形成大量中短枝，易分化更多的花芽。

中短截　自枝条长度 1/3 ～ 1/2 的饱满芽处短截，使养分较为集中，促使剪口下发生较壮的营养枝，主要用于骨干枝和延长枝的培养及某些弱枝的复壮。

重短截　在枝条中下部、全长 2/3 ～ 3/4 处短截，刺激作用大，可逼基部隐芽萌发，适用于弱树、老树和老弱枝的复壮更新。

极重短截　仅在春梢基部留 2 ～ 3 个芽，其余全部剪去，修剪后会萌生 1 ～ 3 个中、短枝，主要应用于竞争枝的处理。

（2）回缩、截干（图 2.0.2）

回缩　又称缩剪，指对多年生枝条（枝组）进行短截的修剪方式。在树木生长势减弱、部分枝条开始下垂、树冠中下部出现光秃现象时采用此法，多用于衰老枝的复壮和结果枝的更新，促使剪口下方的枝条旺盛生长或刺激休眠芽萌发徒长枝，达到更新复壮的目的。

截干　对主干或粗大的主枝、骨干枝等进行的回缩措施称为截干，可有效调节树体水分吸收和蒸腾平衡间的矛盾，提高移栽成活率，在大树移栽时多见。

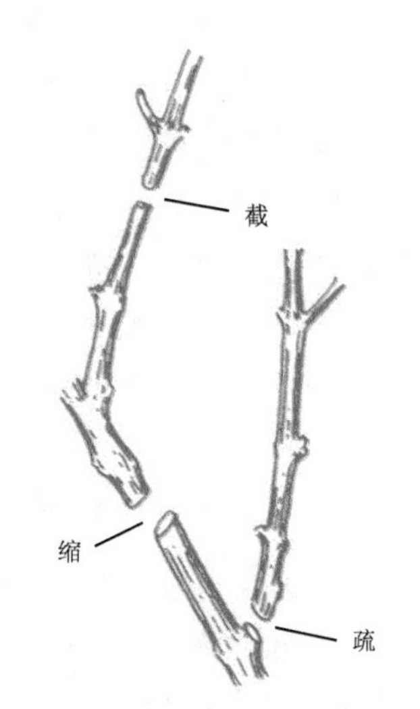

图2.0.2　短截、回缩与疏枝的对比

（3）疏

又称疏删或疏剪，即把枝条从分枝基部剪除的修剪方法。疏剪的主要对象是弱枝、病虫害枝、枯枝及影响树木造型的交叉枝、干扰枝、萌蘖枝等各类枝条。特别是树冠内部萌生的直立性徒长枝，芽小、节间长、粗壮、含水分多、组织不充实，宜及早疏剪以免影响树形；但如果有生长空间，可改造成枝组，用于树冠结构的更新、转换和老树复壮。

（4）伤

损伤枝条的韧皮部或木质部，以达到削弱枝条生长势、缓和树势的方法称为伤。伤枝多在生长季内进行，对局部影响较大，而对整株树木的生长影响较小，是整形修剪的辅助措施之一，主要方法有：

环状剥皮（环剥） 用刀在枝干或枝条基部的适当部位，环状剥去一定宽度的树皮，以在一段时期内阻止枝梢的光合养分向下输送，有利于枝条环剥上方营养物质的积累和花芽分化，适用于营养生长旺盛但开花结果量小的枝条。剥皮宽度要根据枝条的粗细和树种的愈伤能力而定，一般以1个月内环剥伤口能愈合为限，约为枝直径的1/10（2～10mm），过宽伤口不易愈合，过窄愈合过早而不能达到目的。环剥深度以达到木质部为宜，过深伤及木质部会造成环剥枝梢折断或死亡，过浅则韧皮部残留，环剥效果不明显。实施环剥的枝条上方需留有足够的枝叶量，以供正常光合作用之需。

刻伤 用刀在枝芽的上（或下）方横切（或纵切）而深及木质部的方法，常结合其他修剪方法施用。主要方法有目伤、纵伤、横伤。

目伤是在枝芽的上方行刻伤，伤口形状似眼睛，伤及木质部以阻止水分和矿质养分继续向上输送，以在理想的部位萌芽抽生壮枝；反之，在枝芽的下方行刻伤时，可使该芽抽生枝生长势减弱，但因有机营养物质的积累，有利于花芽的形成。

纵伤是指在枝干上用刀纵切而深达木质部的刻伤，目的是为了减小树皮的机械束缚力，促进枝条的加粗生长。纵伤宜在春季树木开始生长前进行，实施时应选树皮硬化部分，细枝可行一条纵伤，粗枝可纵伤数条。

横伤是指对树干或粗大主枝横切数刀的刻伤方法，其作用是阻滞有机养分的向下回流，促使枝干充实，有利于花芽分化达到促进开花、结实的目的。作用机理同环剥，只是强度较低而已。

折裂 为曲折枝条使之形成各种艺术造型，常在早春萌芽初始期进行。先用刀斜向切入，深达枝条直径的1/2～2/3处，然后小心地将枝弯折，并利用木质部折裂处的斜面支撑定位，为防止伤口水分损失过多，往往对伤口进行包扎。

扭梢和折梢（枝） 多用于生长期内生长过旺的半木质化枝条，特别是着生在枝背上的徒长枝，扭转弯曲而未伤折者称扭梢，折伤而未断离者则为折梢。扭梢和折梢均是部分损伤输导组织以阻碍水分、养分向生长点输送，削弱枝条长势以利于短花枝的形成。

（5）变（图2.0.3）

变指变更枝条生长的方向和角度，以调节顶端优势为目的整形措施，并可改变树冠结构，有屈枝、弯枝、拉枝、抬枝等形式，通常结合生长季修剪进行，对枝梢施行屈曲、缚扎或扶立、支撑等技术措施。直立诱引可增强生长势；水平诱引具中等强度的抑制作用，使组织充实易形成花芽；向下屈曲诱引则有较强的抑制作用，但枝条背上部易萌发强健新梢，须及时去除，以免适得其反。

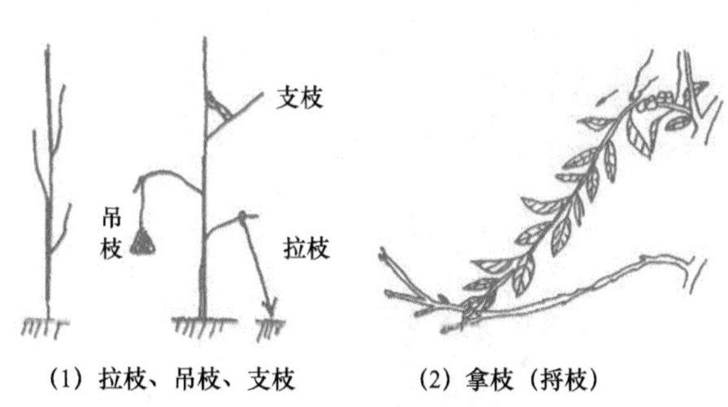

图2.0.3 改变发枝角度的方法

（6）其他

摘心 摘除新梢顶端生长部位的措施，摘心后削弱了枝条的顶端优势，改变了营养物质的输送方向，有利于花芽分化和开花结果。摘除顶芽可促使侧芽萌发，从而增加了分枝，有利于树冠早日形成。秋季适时摘心，可使枝、芽器官发育充实，有利于提高抗寒力。

抹芽　抹除枝条上多余的芽体，可改善留存芽的养分状况，增强其生长势。如每年夏季对行道树主干上萌发的隐芽进行抹除，一方面可使行道树主干通直；另一方面可以减少不必要的营养消耗，保证树体健康的生长发育。

摘叶（打叶）　主要作用是改善树冠内的通风透光条件，提高观果树木的观赏性，防止枝叶过密，减少病虫害，同时起到催花的作用。如丁香、连翘、榆叶梅等花灌木，在8月中旬摘去一半叶片，9月初再将剩下的叶片全部摘除，在加强肥水管理的条件下，则可促其在国庆节期间二次开花。而红枫的夏季摘叶措施，可诱发红叶再生，增强景观效果。

去蘖（又称除萌）　榆叶梅、月季等易生根蘖的园林树木，生长季期间要随时除去萌蘖，以免扰乱树形，并可减少树体养分的无效消耗。嫁接繁殖树，则须及时去除萌蘖，防止干扰树性，影响接穗树冠的正常生长。

摘蕾　实质上为早期进行的疏花、疏果措施，可有效调节花果量，提高存留花果的质量。如杂种香水月季，通常在花前摘除侧蕾，而使主蕾得到充足养分，开出漂亮而肥硕的花朵；聚花月季，往往要摘除侧蕾或过密的小蕾，使花期集中，花朵大而整齐，观赏效果增强。

摘果　摘除幼果可减少营养消耗、调节激素水平，枝条生长充实，有利花芽分化。对紫薇等花期延续较长的树种栽培，摘除幼果，花期可由25天延长至100天左右；丁香开花后，如不是为了采收种子也需摘除幼果，以利来年依旧繁花。

断根　在移栽大树或山林实生树时，为提高成活率，往往在移栽前1～2年进行断根，以回缩根系、刺激发生新的须根，有利于移植。进入衰老期的树木，结合施肥在一定范围内切断树木根系的断根措施，有促发新根、更新复壮的效用。

放　营养枝不剪称为放，也称长放或甩放，适宜于长势中等的枝条。长放的枝条留芽多，抽生的枝条也相对增多，可缓和树势，促进花芽分化。丛生灌木也常应用此措施，如连翘，在树冠的上方往往甩放3～4根长枝，形成潇洒飘逸的树形，长枝随风摇曳，观赏效果极佳。

4. 修剪技术

（1）剪口和剪口芽的处理

疏截修剪造成的伤口称为剪口，距离剪口最近的芽称为剪口芽。剪口方式和剪口芽的质量对枝条的抽生能力和长势有关。

剪口方式　剪口的斜切面应与芽的方向相反，其上端略高于芽端上方0.5cm，下端与芽之腰部相齐，剪口面积小而易愈合，有利于芽体的生长发育。

剪口芽的处理　剪口芽的方向、质量决定萌发新梢的生长方向和生长状况，剪口芽的选择，要考虑树冠内枝条的分布状况和对新枝长势的期望。背上芽易发强旺枝，背下芽发枝中庸；剪口芽留在枝条外侧可向外扩张树冠，而剪口芽方向朝内则可填补内膛空位。

为抑制生长过旺的枝条，应选留弱芽为剪口芽；而欲弱枝转强，剪口则需选留饱满的背上壮芽（图 2.0.4）。

关键及要点　枝条短截操作方法

枝条短截常用于花冠果树树木，操作时注意以下几点：

第一，剪口选在芽上方6mm处。剪口离芽太近，会干扰芽的生长；剪口离芽太远，会引起芽上枝条枯缩。

第二，剪口向侧芽对面倾斜45°。剪口太平和反向剪口都不利于芽的生长。

第三，剪口要平滑。

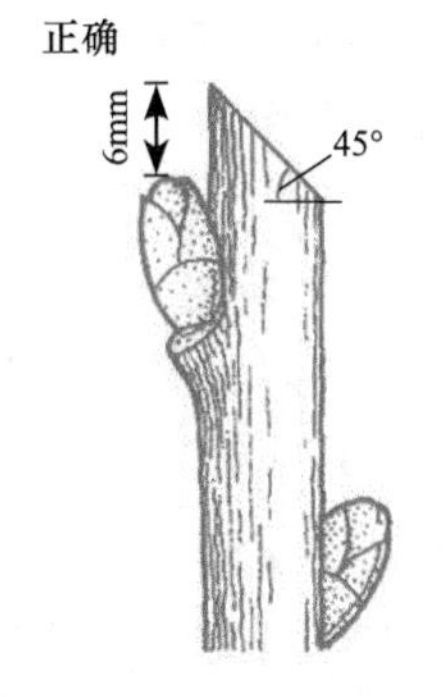

图2.0.4　枝条短截操作

（2）大枝剪截

整形修剪中，在移栽大树、恢复树势、防风雪危害以及病虫枝处理时，经常需对一些大型的骨干枝进行锯截，操作时应格外注意锯口的位置以及锯截的步骤。

截口位置　截口既不能紧贴树干、也不应留有较长的枝桩，正确的位置是贴近树干但不超过侧枝基部的树皮隆脊部分与枝条基部的环痕。该法的主要优点是保留了枝条基部环痕以内的保护带，如果发生病菌感染，可使其局限在被截枝的环痕组织内而不会向纵深处进一步扩大。截口位置的正确处理方法为：

1）当枝基隆脊（“左”A）及枝环痕（“左”B）能清楚见到，则在隆脊与环痕连线（图 2.0.5 中 A-B）外侧截枝（图 2.0.5，左）。

2）如果枝基的隆脊不很清楚或要作进一步的确认，可如“中”图所示方法估测：即在侧枝基部隆脊处 A 设一与欲截枝平行的直线 A-B 及与枝基隆脊线一致的直线 A-C, 在欲截枝上设 A-E 线使角 EAC 等于角 CAB，则可确定 A-E 为正确的截口位置；或可在枝基隆脊 A 点作一垂线 A-D, 截口 AE 的位置应使角 EAD 等于角 DAC（图 2.0.5，中）。

3）先从枝基隆脊处（右 A），设欲截枝的垂直线 A-B 及枝基隆脊线 A-D，然后平分该两线的夹角 BAD，平分线 A-C 即为正确的截口位置（图 2.0.5，右）。

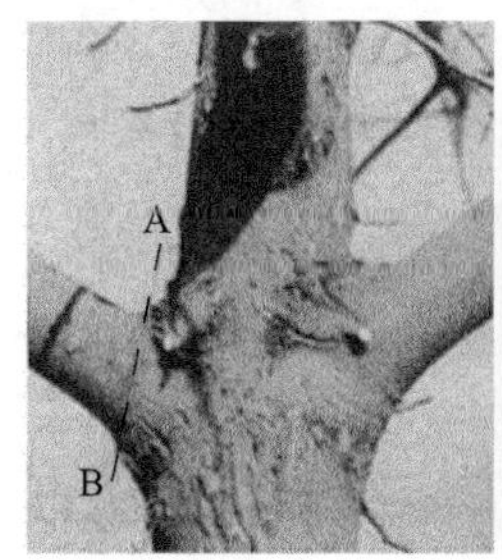

左

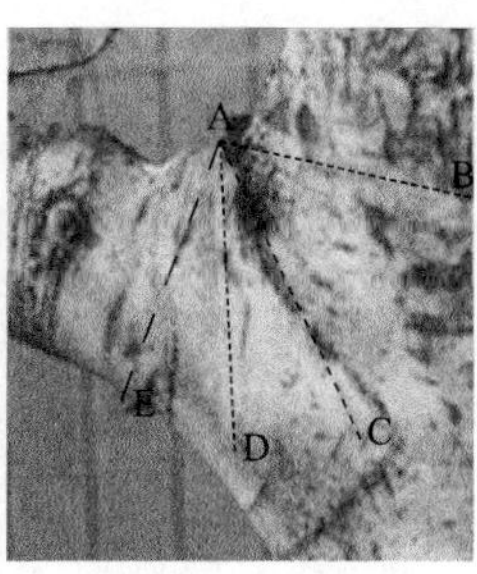

中

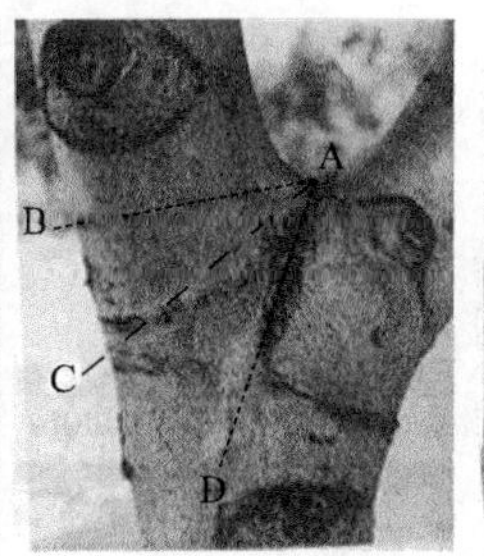

右

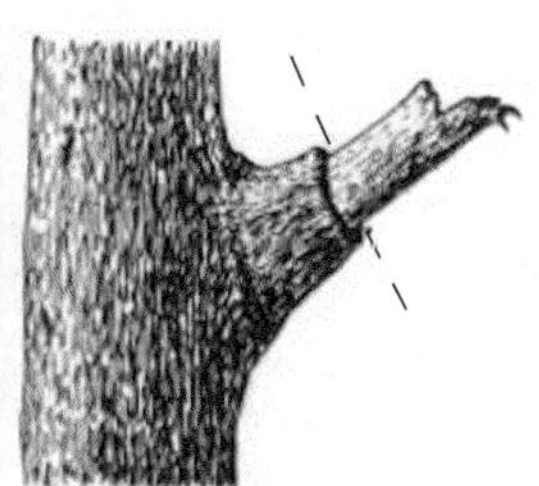

图2.0.5　大枝锯截操作

研究表明，在截枝时应注意保护枝基的隆脊不受损伤，如果基部有明显的隆起环痕也应避免损伤，否则伤口的愈合会受影响。

4）枯死枝的截口位置应在其基部隆起的愈伤组织外侧。

锯截步骤　对直径在10cm以下的大枝进行剪截，首先在距截口10～15cm处锯掉枝干的大部分，然后再将留下的残桩在截口处自上而下稍倾斜削正。若疏除直径在10cm以上的大枝时，应首先在距截口10cm处自下而上锯一浅伤口(深达枝干直径的1/3～1/2)，然后在距此伤口5cm处自上而下将枝干的大部分锯掉，最后在靠近树干的截口处自上而下锯掉残桩，并用利刀将截口修整光滑，涂保护剂或用塑料布包扎。

截口保护　短截与疏剪的截口面积不大时，可以任其自然愈合。若截口面积过大，易因雨淋及病菌侵入而导致剪口腐烂，需要采取保护措施。应先用锋利的刀具将创口修整平滑，然后用2%的硫酸铜溶液消毒，最后涂保护剂。效果较好的保护剂有：

① 保护蜡。用松香2500g，黄蜡1500g，动物油500g配制。先把动物油放入锅中加温火熔化，再将松香粉与黄蜡放入，不断搅拌至全部熔化，熄火冷凝后即成，取出装入塑料袋密封备用。使用时只需稍微加热令其软化，即可用油灰刀蘸涂，一般适用于面积较大的创口。

② 液体保护剂。用松香10份，动物油2份，酒精6份，松节油1份（按重量计）配制。先把松香和动物油一起放入锅内加温，待熔化后立即停火，稍冷却后再倒入酒精和松节油，搅拌均匀，然后倒入瓶内密封贮藏。使用时用毛刷涂抹即可，适用于面积较小的创口。

③ 油铜素剂。用豆油1000g，硫酸铜1000g和热石灰1000g配制。硫酸铜、熟石灰需预先研成细粉末，先将豆油倒入锅内煮至沸热，再加入硫酸铜和熟石灰，搅拌均匀，冷却后即可使用。

任务2.1　行道树的整形修剪

【任务描述】 行道树的整形修剪是道路绿化养护管理的重要内容。通过整形修剪，使行道树形成符合要求的树形和稳固的树体结构。通过行道树修剪的学习，使同学们能掌握行道树常规修剪技术；通过此项任务的完成，明确行道树修剪各环节的技术要点。能够掌握行道树的修剪原则和修剪方法，能对常见行道树进行修剪。

【任务目标】 1. 掌握行道树修剪整形技术和方法。
2. 掌握行道树的培育技术和修剪技术。
3. 学会使用各种修剪工具。
4. 运用回缩、短截、疏枝等修剪手法。

【材料及设备】1. 待修剪的行道树若干。

2. 修枝剪、手锯。

3. 竹梯。

【安全要求】由于行道树靠近道路且树体高大，在修剪作业时存在一定的危险性，操作时要注意人身安全，尽可能穿戴防护用具，杜绝安全事故。

【工作内容】

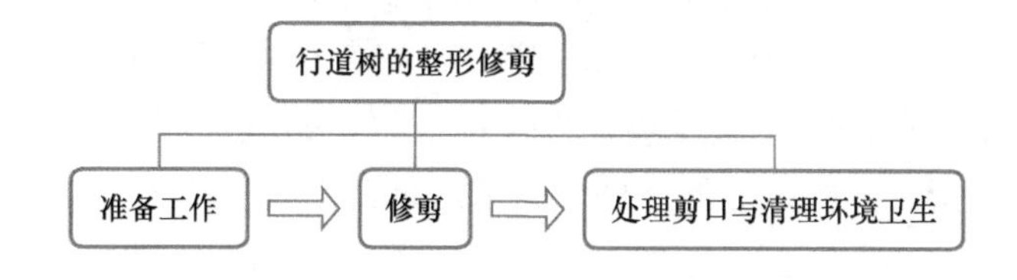

2.1.1　相关准备工作

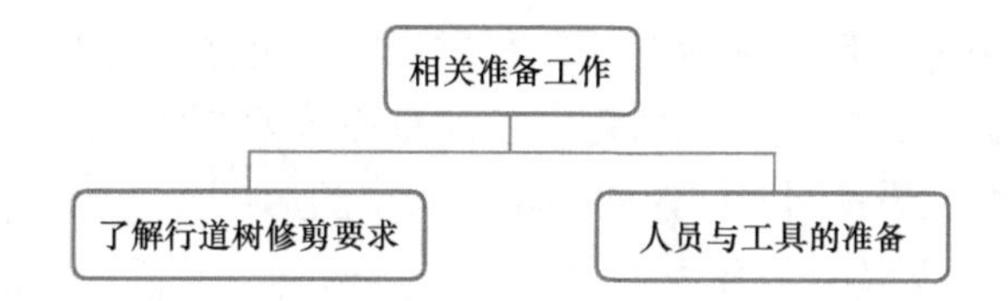

1. 了解行道修剪的要求

栽在道路两侧的行道树，主干高度一般以 3 ～ 4m 为好；公园内园路或林荫路上的树木主干高度以不影响行人漫步为原则，主干不低于 2.5m。同一条主道上行道树分枝点高度应一致，使整齐划一，不可高低错落，影响美观与管理。

1）以自然型修剪为主，严禁对树木进行高强度修剪，抢险、树木衰老后更新修剪等特殊情况除外。

2）整条道路修剪手法一致，树冠圆整，树形美观，骨架均匀，通风透光。

3）应处理好与公共设施、周边建筑的矛盾，不影响车辆及行人通行，逐年提高枝下净空高度，使之大于 3.2m。修除可能伸进建筑内部的枝条。

4）保留骨架枝、外向枝、踏脚枝，及时剪除枯枝烂头、病虫枝、重叠枝、交叉枝、徒长枝、下垂枝、结果枝及与公用设施有矛盾的枝条。

5）应选留培养方向剪口芽，剪口部位在剪口芽上方 1 ～ 2cm。

6）应不留短桩、烂头，剪口应倾斜 10°～ 15°，平整光滑，不撕皮，不撕裂。修剪大枝须分段截下，大剪口面应涂敷防腐剂。

2. 工具及人员准备

1）作业人员必须穿好工作服、软底防滑工作鞋。

2）上树作业时必须戴好安全帽，系好安全带，随带工具应放置在工具袋里。

3）地面作业应穿着反光工作衣，戴好安全帽。

4）不得在雨天、大风、大雾、冰冻等恶劣天气上树作业，不宜夜晚作业。

5）作业须谨慎、专心，严禁酒后上树，严禁在树上嬉笑打闹、吸烟等与作业无关的行为，严禁二人同时在同一树上、同一方位上作业。

6）作业现场须用红白旗设置安全作业区域，并设置警示牌。

7）集中上树修剪剥芽作业前应与环卫、交警、电力等相关部门联系，做到提前告示。在车行道上作业应注意避让交通高峰并必须确保人身和公共设施的安全。

8）修剪常用的工具包括竹梯、修枝剪、高枝剪、长把修枝剪、各种型号手锯、高枝锯等。扶梯使用时，扶梯脚必须用橡皮包扎，扶梯横档用铅丝加固，扶梯应与道路方向平行放置在人行道两侧，安置平稳，上下扶梯时，人应面向扶梯。

2.1.2　修剪

1. 自然式树形行道树修剪

在不妨碍交通和其他公用设施情况下，行道树采用自然式冠形。这种树形是在树木本身特有的自然树形基础上，稍加人工即可。目的是充分发挥树种本身的观赏特性。公园内雪松为塔形；玉兰、海棠为长圆形；槐树、桃树为扁圆形。

行道树自然式树形修剪中，有中央主干的，如杨树、水杉、侧柏、金钱松、雪松等，分枝点的高度按树种特性及树木规格而定，栽培中要保护顶芽向上生长。主干顶端如受损伤，应选择一直立向上生长的枝条或在壮芽处短剪，并把其下部的侧芽抹去，抽出直立枝条代替，避免形成多头现象。另外，修剪主要是对枯病枝、过密枝的疏剪，一般修剪量不大。无中央主干的行道树，主干性不强的树种，如旱柳、榆等，修剪主要是调节冠内枝组的空间位置，如去除交叉枝、逆行枝等，使整个树冠看起来清爽整洁，并能显现出本身的树冠。另外，就是进行常规性的修剪，包括去除密生枝、枯死树、病虫枝和伤残枝等。

2. 杯状形行道树的修剪

悬铃木、火炬树、榆树、槐树、白蜡等树种无主轴或顶芽能自剪，多为杯状形修剪。杯状形修剪形成“三叉六股十二枝”的骨架。骨架构成后，树冠扩大很快，疏去密生枝、直立枝，促发侧生枝，内膛枝可适当保留，增加遮荫效果。

如果上方有架空线路时，就按规定保持一定距离，勿使枝与线路触及。靠近建筑建筑物一侧的行道树，为防止枝条扫瓦、堵门、堵窗，影响室内采光和安全，应随时对过长枝条行短截修剪。

以二球悬铃木为例，在树干 2.5 ～ 4m 处截干，萌发后选 3 ～ 5 个方向不同、分布均匀、与主干成 45° 夹角的枝条作主枝，其余分期剪除。当年冬季或第二年早春修剪时，将主枝在 80 ～ 100cm 处短截，剪口芽留在侧面，并处于同一水平面上，使其匀称生长；第二年夏季再抹芽和疏枝。幼年时顶端优势较强，侧生或背下着生的枝条容易转成直立生长，为确

保剪口芽侧向斜上生长，修剪时可暂时保留背生直立枝。第二年冬季或第三年早春，于主枝两侧发生的侧枝中选 1 ～ 2 个作延长枝，并在 80 ～ 100cm 处短截，剪口芽仍留在枝条侧面，疏除原暂时保留的直立枝。如此反复修剪，经 3 ～ 5 年后即可形成杯状形树冠。骨架构成后，树冠扩大很快，疏去密生枝、直立枝，促发侧生枝，增加遮荫效果（图 2.1.1）。

图2.1.1　杯状形行道树

3. 开心形行道树的修剪

此种树形为杯状形的改良与发展。主枝 2 ～ 4 个均可。主枝在主干上错落着生，不像杯状形要求那么严格。为了避免枝条的相互交叉，同级留在同方向。采用此开心形树形的多为中干性弱、顶芽能自剪、枝展方向为斜上的树种。

4. 伞形树冠的修剪

垂枝槐、垂柳、垂榆等垂枝类的树种较适合做伞状冠形修剪，修剪方法如下（图 2.1.2）。

第一年将顶留的枝条在弯曲最高处留上芽短截，第二年将下垂的枝条留 15cm 左右留外芽修剪，再下一年仍在一年生弯曲最高点处留上芽短截。如此反复修剪，即成波纹状伞面。若下垂的枝条略微留长些短截，几年后就可形成一个塔状的伞面，应用于公园、孤植或成行栽植都很美观。

图2.1.2　龙爪槐的修剪

5. 规则式树冠的修剪

规则式树冠的修剪，首先要剪除冠内所有的带头枝桩、枯枝、病虫枝，并将弱枝更新。然后确定适合修剪的树形，如方形、长方形等。确定修剪的冠形后，根据树木的高度和不同滴水线形，将形状以外的枝叶全部剪除。要修剪出一个完美的规则式树冠，需要经过多次的修剪才能完成。

2.1.3　剪口处理与枝条清理

修剪后，对树干上留下的较大伤口应涂一些质量较好的保护剂，防止病虫侵染，有利保护伤口。对于一些较小的剪口则通常不必使用伤口保护剂。修剪完毕之后，随时对修剪下的枝条进行清扫，防止对过路行人造成影响。

考证提示

技能要求

1）能进行行道树的入冬修剪。

2）根据具体情况，掌握不同行道树的规则式、自然式整形方法。

相关知识

1）行道树整形、修剪的技术要点。

2）行道树修剪的时期。

3）行道树修剪的程序及方法。

实践案例

行道树的修剪

绿地中的行道树需要定期修剪以维持其观赏特性和安全性，降低可能因大风等恶劣天气造成的安全隐患。

生产实践中，一般将行道树的整形修剪安排在每年入冬前和6～7月份进行，以休眠期修剪为主，生长期修剪为辅。

1. 准备工作

人员安排：每班组3～5人，作业现场交通组织与引导1人，上树修剪1～2人，清理修剪垃圾1～2人。

机具安排：竹梯、手锯、枝剪、高枝剪、登高车。

2. 实施步骤

（1）休眠期修剪

修剪方法：回缩、疏枝等。

1）疏除主干上低于定干高度的所有侧枝及萌蘖条。

2）疏除主枝上的过密枝条，将选留的二级分枝回缩。

3）疏除病逆向枝、虫枝、枯萎枝、内膛枝、直立枝、交叉枝、重叠枝等妨碍正常生长的枝条。

4）在枝条上较粗的伤口上涂抹伤口保护剂并清理现场修剪垃圾，集中处理。

（2）生长期修剪

修剪方法：疏枝等。

1）疏除逆向枝、病虫枝、枯萎枝、内膛枝、直立枝、交叉枝、重叠枝等。

2）线路修剪。通过修剪，使树冠枝叶与各类线路保持安全距离，一般电话线为0.5m、高压线为1m以上。一般采用以下几种措施：降低树冠高度、使线路在树冠的上方

通过；修剪树冠的一侧，让线路能从其侧旁通过；修剪树冠内膛的枝干，使线路能从树冠中间通过；或使线路从树冠下侧通过（图2.1.3）。

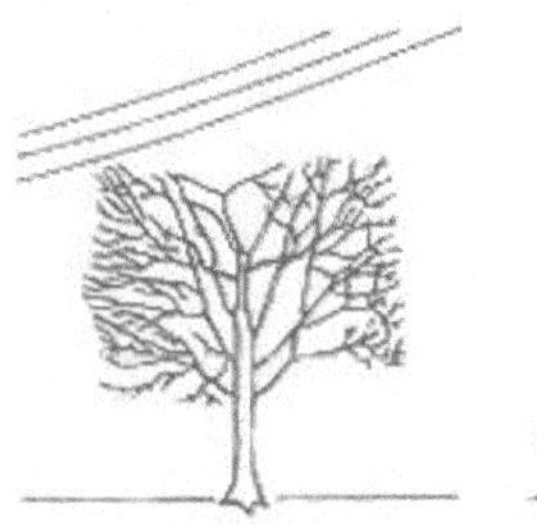

（Ⅰ）树冠上部修剪

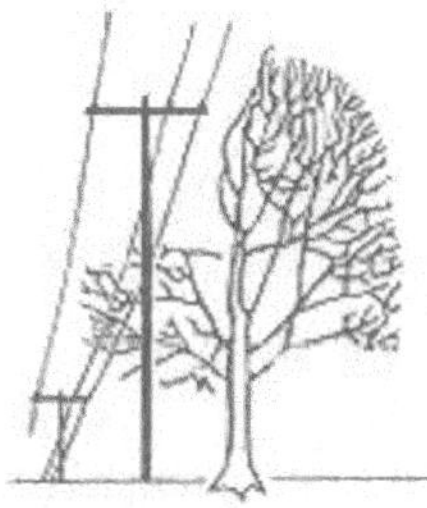

（Ⅱ）树冠一侧修剪

（Ⅲ）树冠下侧方修剪

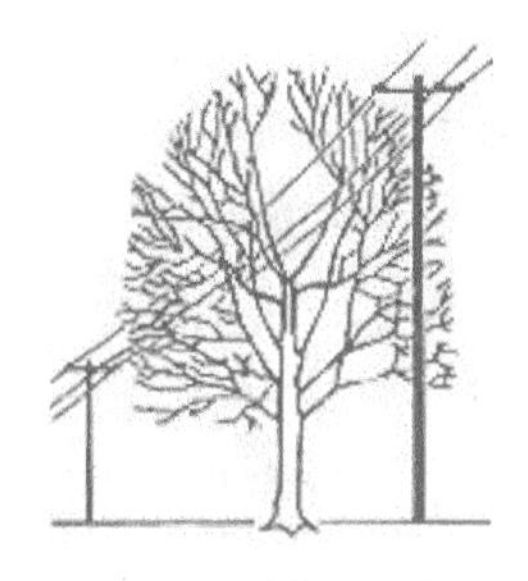

（Ⅳ）树冠中间部分修剪

图2.1.3 线路修剪

3）迎台修剪。我国东南沿海地区，每年8、9月份为台风危害较为频繁的时期，一般在6月份进行迎台修剪，以降低树体迎风面积，减轻树体重量，降低台风危害。

具体操作上，以疏除过密枝条为主。

巩固训练

1. 根据授课季节和实训基地具体情况，以实训小组（5～8人）为单位，对行道树进行修剪。
2. 以小组为单位，做一份行道树修剪技术方案。

要求：组内同学要分工合作，相互配合；选择的行道树要有代表性和针对性；技术方案的制定要依据修剪的工作流程，要保证设备的完整性及人员的安全。

标准与规程

上海市行道树养护技术规程（节选）

5. 修剪

5.1 修剪时间

1. 落叶树木应在秋末冬初、树木休眠期内进行（当年12月中、下旬至翌年3月份）。
2. 常绿树木应在早春萌芽前的3～4月份或树木生长相对缓慢的10～11月份进行。
3. 伤流树木应在早春萌芽时修剪。

5.2 修剪要求

1. 以自然型修剪为主，严禁对树木进行高强度修剪，抢险、树木衰老后更新修剪等特殊情况除外。
2. 整条道路修剪手法一致，树冠圆整，树形美观，骨架均匀，通风透光。
3. 应处理好与公共设施、周边建筑的矛盾，不影响车辆及行人通行，逐年提高枝下净空高度，使之大于3.2m。修除可能伸进建筑内部的枝条。
4. 保留骨架枝、外向枝、踏脚枝，及时剪除枯枝烂头、病虫枝、重叠枝、交叉枝、徒长枝、下垂枝、结果枝及与公用设施有矛盾的枝条。

5. 应选留培养方向剪口芽，剪口部位在剪口芽上方 1 ～ 2cm。

6. 应不留短桩、烂头，剪口应倾斜 10° ～ 15°，平整光滑，不撕皮，不撕裂。修剪大枝须分段截下，大剪口面应涂敷防腐剂。

5.3 修剪方法

原则上采用自然型修剪。特殊行道树可采用造型修剪、控高修剪或更新修剪。

5.3.1 自然型修剪

无架空线道路行道树，应保持树木自然树冠形态，适当疏枝，平衡树冠。

1. 悬铃木等生长势旺盛的树种，应在培养二级骨架以后（培养方法见 5.3.2）再进行自然形修剪。

2. 顶端优势强的树木应保持树木顶端优势，对树木进行轮状隔层疏枝。

3. 顶端优势弱的树木应均匀疏枝并适当短截。

5.3.2 造型修剪

有架空线的道路行道树，可以采用造型修剪。造型修剪主要指杯状型修剪，通常用于悬铃木，也可用于其他一些生长势旺、萌芽力强、耐修剪的行道树树种。

新种或小型树骨架培养修剪。应把握逐级培养的原则，保证每级主枝足够粗壮。一级骨架培养时，应均匀留好树干顶部 4 ～ 6 根与主干有 45° 左右斜向的强壮枝条，最终保留 3 ～ 4 根一级主枝。二级以上骨架培养时，应在上级骨架枝顶部预留 2 ～ 3 根分枝，最终选留 2 根分枝。三级以上骨架与二级骨架培养同。

中型树扩大树冠修剪。应抽稀树冠上部的枝条，保留中下部枝条，合理留好踏脚枝及营养枝，整体高度保持一致。

5.3.3 控高修剪

有高压线道路行道树，修剪时应控制树木顶端生长高度不大于 12m，对树冠上部的枝条进行疏枝，适当保留中下部枝条，修除结果枝，合理留好踏脚枝、营养枝，做到上疏、中密。

5.3.4 更新修剪

衰老树可在保留骨架枝的基础上适当采取强修剪的方式，培养更新枝条。

6. 剥芽

6.1 剥芽时间

根据树种、生长势的不同，在萌芽条未木质化前进行剥芽（4 ～ 6 月）。

6.2 剥芽要求

1. 留芽应考虑绿量充足、树冠圆整、骨架均匀、通风透光原则。

2. 应考虑防台需要，做到上疏中密、降低重心。

3. 应注意对培养踏脚枝、更新枝芽条的选择，必须剥除过密、下垂、有严重病虫害及影响公共设施的芽条。

6.3 剥芽方法

1. 对萌芽力弱或自然形态好的树种，可视具体情况不剥或轻剥。

2. 主干分枝以下的芽条原则上应全部剥除。新种树第一年以恢复生长势为主，可保留主干（枝）顶端 20cm 范围内的所有芽条。

3. 采用“杯状型”修剪的行道树，一级分枝点以上的枝条，剥芽时应重点剥去内向及直立枝条，适当保留外向芽条，每节至少保留3根以上枝条。

4. 剥芽时应剥至芽条基部，防止撕皮及留梗。

青岛园林植物整形修剪技术规程（节选）

附录A

（规范性附录）

青岛地区常见乔木整形修剪方法

A.1　常见行道树整形修剪方法

A.1.1　白蜡 *Fraxinus chinensis Roxb.*

主要采用高主干的自然开心形，在分支点以上，选留3～5个健壮的主枝，主枝上培养各级侧枝，逐渐使树冠扩大。

A.1.2　刺槐 *Robinia pseudoacacia* L.

定干后，选出健壮直立、又处于顶端的一年生枝条，作为主干的延长枝，然后剪去其先端1/3～1/2。其上侧枝逐个短截，使其先端均不高于主干剪口即可。当树干长到一定高度之后，只剪除树冠上的竞争枝、徒长枝、直立枝、过密的侧枝、下垂枝、枯死枝、病虫枝等，以保持其自然树形。

A.1.3　绦柳 ‘Pendula’.

栽植定干后，自然生长，保留3个强壮主枝。冬季修剪，选择错落分布的健壮枝条，进行短截，创造第一层树冠结构，第二年再短截中心干的延长枝，同时剪去剪口附近的3～4个枝条，在中心干上再选留二层树冠结构，并短截先端。对上一年选留的枝条进行短截。平时注意疏剪衰弱枝条、病虫枝条等。对老弱的大树，可从第二枝处锯掉树头更新，留3～4个萌发枝条作为主枝，剪去其他弱小枝条。适当剪去垂直的长枝，以保持树冠整体美观。

A.1.4　悬铃木 *Platanus orientalis*

以自然树形为主，注意培养均匀树冠。行道树，要保留直立性领导干，使各枝条分布均匀，保证树冠周正；步行道内树枝不能影响行人步行时正常的视觉范围，非机动车道内也要注意枝叶距离地面的距离，要注意夏季修剪，及时除蘖。

A.1.5　国槐 *Sophora japonica* L.

定干后，选留端直健壮、芽尖向上生长枝以培养侧枝，截去梢端弯曲细弱部分，抹去剪口下5～6枚芽，培养圆形树冠，同时要注意培养中央领导干，重剪竞争枝，除去徒长枝。当冠高比达到1 ：2时，则可任其自然生长，保持自然树形。

A.1.6　黄连木 *Pista chinenisis.*

修剪外围枝、下垂枝、密生枝、交叉枝、重叠枝、病虫枝等，以改善结果、透风等。

A.1.7　黑松 *Pinus thunbergii* Parl.

5～6年生的黑松可以不修剪。为了使黑松粗壮生长，干、枝分明，将轮生枝修除2～3个，保留2～3条向四周均衡发展，保持侧枝之间的夹角相近似。还要短截或缩剪长势旺盛粗壮的轮生枝，控制轮生枝的粗度，即它的粗度为着生处主干粗的1/3以内，使各轮生枝生长均衡。春季，当顶芽逐渐抽长时，应及时摘去1～2个长势旺、粗壮的侧芽，以免与顶芽竞争，使顶芽集中营养向上生长，当树高长到10m左右时，可保持1∶2的冠高比。

A.1.8　合欢 *Albizzia julibrissin* Durazz.

以自然树形为主，在主干上选留3个生长健壮，上下错落的枝条作为主枝，冬季对主枝进行短截，在各主枝上培养几个侧枝，也是彼此错落分布，各级分枝力求有明显的从属关系，随树冠的扩大，就可以以自然树形为主，每年只对竞争枝、徒长枝、直立枝、过密的侧枝、下垂枝、枯死枝、病虫枝进行常规修剪。

A.1.9　旱柳 *Salix matsudana* Koidz.

定干后，以自然树形为主，冬季短截梢端较细的部分，春季保留剪口下方的一枚好芽，第二年剪去壮芽下方的二级枝条和芽，再将以下的侧枝剪去2/3，其下方的枝条全部剪除。继续3～5年修剪，干高可达4m以上，再整修树冠，控制大侧枝的生长，均衡树势。

A.1.10　苦楝 *Melia azedarach* L.

当年主干上端新芽长到3～5cm时，选择先端第一枚亚作为中心干培养，在其下方选留2枚芽摘心，作为主枝培养，抹去其他芽，以便当年形成2米以上主干。第二年冬春，如上法对中心主干进行短截，在当年生主干中下部选留3个错落生长的新枝，作为主枝培养。第三年冬春，同上法进行修剪，但是剪口芽的方向要与上年相反，以便长成通直的树干，达到高度时任其自然生长。

A.1.11　栾树 *Koelreuteria paniculata* laxm

冬季进行疏枝短截，使每个主枝上的侧枝分布均匀，方向合理，短截2～3个侧枝，其余全部剪掉，短截长度60厘米左右，这样3年时间，可以形成球形树冠。每年冬季修剪掉干枯枝、病虫枝、交叉枝、细弱枝、密生枝。如果主枝过长要及时修剪，对于主枝背上的直立徒长枝要从基部剪掉，保留主枝两侧一些小枝。

A.1.12　女贞 *Ligustrum lucidum* Ait.

定干后，以促进中心主枝旺盛生长，形成强大主干的修剪方式为主，对竞争枝、徒长枝、直立枝进行有目的的修剪，同时，挑选适宜位置的枝条作为主枝进行短截，短截要从下而上，逐个缩短，使树冠下大上小，经过3～5年，可以每年只对下垂枝、枯死枝、病虫枝进行常规修剪，其他枝条任其自然生长。

A.1.13　五角枫 *Acer mono* Maxim.

定干后留2层主枝，全树留5～6个主枝，然后短截，第一层50cm左右，第二层40cm左右。夏季除去全部分枝点以下的萌蘖芽。主枝上选留3～4枚方向合适、分布均匀的芽。第二次定芽，每个主枝上保留2～3枚芽，使它发育成枝条，以后形成圆形树冠。每年抹芽，剪去萌蘖枝、干枯枝、病虫枝、内膛细弱枝、直立徒长枝等。

A.1.14　雪松 *Cedrus deodara* (Roxb) Loud.

雪松幼苗具有主干顶端柔软而自然下垂特点，为了维护中心主枝顶端优势，幼时重剪顶梢附近粗壮的侧枝，促使顶梢旺盛生长。如原主干延长枝长势较弱，而其相邻的侧枝长势特别旺盛时，则剪去原头，以侧代主，保持顶端优势。其干的上部枝要去弱留强，去下垂枝，留平斜向上枝。回缩修剪下部的重叠枝、平行枝、过密枝。在主干上间隔50cm左右组成一轮主枝。主干上的主枝条一般要缓放不短截。

A.1.15　银杏 *Ginkgo biloba* L.

定干后，短截顶端直立的强枝，可减缓树势，促使主枝生长平衡。冬季剪除树干上的密生枝、衰弱枝、

病虫枝，以利阳光通透。主枝数一般保留 3 ～ 4 个。在保持一定高度情况下，摘去花蕾，整理小枝。成年后剪去竞争枝、枯死枝、下垂衰老枝，使枝条上短枝多，长枝少。

A.1.16 玉兰 *Magnolia denudata* Desr.

定干后，注意培养主干与主枝的均衡分布。成年的玉兰树，主要采取长枝短缩，长枝剪短到 12 ～ 15cm，修剪在春季花后进行。

A.1.17 樱花 *Prunus serrulata* Lindl.

多采用自然开心形，定干后选留一个健壮主枝，春季萌芽前短截，促生分枝，扩大树冠，以后在主枝上选留 3 ～ 4 个侧枝，对侧枝上的延长枝每年进行短截，使下部多生中、长枝，侧枝上的中长枝以疏剪为主，留下的枝条可以缓放不剪，使中下部产生短枝开花。每年要对内膛细枝，病枯枝疏剪，改善通风透光条件。

A.1.18 紫叶李 *Prunus cerasifera* Ehrh.cv.Atropurpurea Jacq.

定干后，主干上留 3 ～ 5 个主枝，均匀分布。冬季短截主枝上的延长枝，剪口留外芽，以便扩大树冠，生长期注意控制徒长枝，或疏除或摘心。

相关链接 ☞

http://jpkc.yzu.edu.cn/course2/ylsmzp/wlkj/cha1003.htm

http://www.njyl.com/article/s/581094-313726-8.htm

习　题

收集当地城市绿化中行道树的修剪形式的图片。

任务2.2　花灌木的整形修剪

【任务描述】 通过本任务学习，使学生掌握花灌木的整形修剪的基本理论与技能，以及花灌木的整形修剪的技术要点，能熟练进行常见花灌木的整形与修剪，能将花灌木的修剪熟练应用到园林绿化与庭院绿化中。

【任务目标】 1. 掌握观花类花灌木的整形与修剪。
2. 掌握提高一般观花类花灌木修剪的时间及修剪方法等措施。

【材料及设备】 1. 待修剪的花灌木若干。
2. 修枝剪、手锯。
3. 竹梯。

【安全要求】 花灌木在修剪作业时存在一定的危险性，操作时要注意人身安全，特别是头部、面部的危险性，杜绝安全事故。

【工作内容】

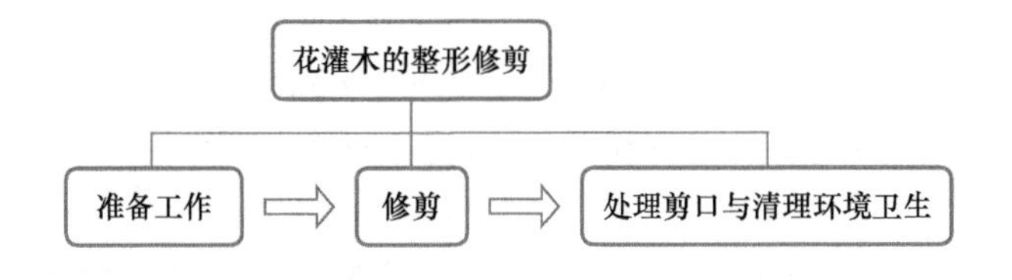

2.2.1　准备工作

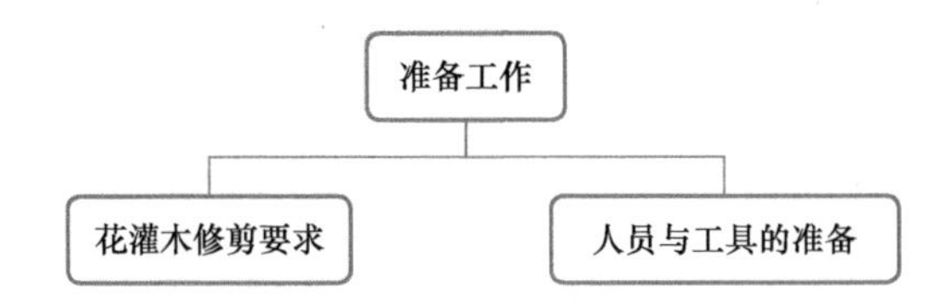

1. 了解花灌木修剪要求

花灌木在园林绿化中起着至关重要的作用，花灌木之中有的开出鲜艳夺目的花朵；有的具有芬芳扑鼻的香味；有的具有漂亮、鲜艳的干皮；有的果实累累；有的枝态别致；有的树形潇洒飘逸。总之，它们各以本身具有的特点大显其观赏特性。

（1）花灌木在苗圃阶段的整形修剪

花灌木在苗圃期间主要根据将来的不同用途和树种的生物学特性进行整形修剪。此期的整剪工作非常重要，人们常说，一棵小树要长成栋梁之材，要经过多次修枝、剪枝，这是事实。幼树期间如果经过整形，后期的修剪就有了基础，容易培养成优美的树形；如果

从未修剪任其随意生长的树木，后期要想调整、培养成理想的树形是很难的。所以注意花灌木在苗圃期间的整形修剪工作，是为了出圃定植后更好地起到绿化、美化的作用。

对于丛生花灌木通常情况下，不将其整剪成小乔木状，仍保留丛生形式。在苗圃期间则需要选留合适的多个主枝，并在地面以上留3～5个芽短截，促其多抽生分枝，以尽快成形，起到观赏作用。

（2）花灌木类的修剪应注意的问题

修剪是防治病虫害的有效措施之一。花灌木长期不剪，就会使枝条越长越多，枝条过密，影响紫外线的照射，树冠内会聚集闷热潮湿的空气，给病菌和害虫的滋生形成了环境。由于病虫害的侵扰，花灌木的生长势减弱，开花数量逐年减少，开花部位外移，形成天棚型，大大地降低了观赏效果。通过修剪，将老弱枝、病枯枝、伤残枝等剪除，使树冠内通风透光良好，不给病菌和害虫提供生存的条件，从而使花灌木感染病虫害的机会减少。同时，通过修剪使树体均衡强健，并疏除过多过密的花果，防止树体负担过重，从而增强了花灌木的抗性。除此以外，通过修剪可以疏除徒长枝、根蘖条及砧芽，从而可以使养分集中，减少营养的无谓消耗。

花灌木的修剪还需注意另一个问题，随时要进行新老枝条的更新修剪，特别是成年树和老树尤其重要。花灌木每年大量的开花和结实，消耗大量的营养，加之年龄的增长，组织的老化，必然会使一些枝条衰老，开花很少或不能开花。这时对这些衰老枝要进行强剪或疏除，并选留强健的新枝当头；有的甚至剪掉树冠上的全部侧枝和回缩部分主枝，皮层内的隐芽受到刺激而萌发抽枝，选留有培养前途的新枝代替原有的老枝，进而形成新的树冠。

通过更新修剪，才能使花木长时期地为人们服务，才能延年益寿。有经验的果树栽培者，大多在盛果后期就开始有计划地更新衰老的生长枝和结果枝，使它们逐年得到更新，以保持原有的果实产量，也不会使树冠受到过大的伤害。这种做法不但对苹果和梨等乔木果树有效，对花灌木的修剪也值得借鉴。实践证明，经常性的局部更新老树要比一次性更新效果好得多，因为大量锯截所造成的伤口比局部剪截所造成的伤口难愈合得多。

2. 人员与工具准备

1）作业人员必须穿好工作服、软底防滑工作鞋。

2）上树作业时必须戴好安全帽，系好安全带，随带工具应放置在工具袋里。

3）地面作业应穿着反光工作衣，戴好安全帽。

4）不得在雨天、大风、大雾、冰冻等恶劣天气上树作业，不宜夜晚作业。

5）作业须谨慎、专心，严禁酒后上树，严禁在树上嬉笑打闹、吸烟等与作业无关的行为，严禁二人同时在同一树上、同一方位上作业。

6）作业现场须用红白旗设置安全作业区域，并设置警示牌。

7）集中上树修剪剥芽作业前应与环卫、交警、电力等相关部门联系，做到提前告示。在车行道上作业应注意避让交通高峰并必须确保人身和公共设施的安全。

8）修剪常用的工具包括竹梯、修枝剪、高枝剪、长把修枝剪、各种型号手锯、高枝锯等。扶梯使用时，扶梯脚必须用橡皮包扎，扶梯横档用铅丝加固，扶梯应与道路方向平行放置在人行道两侧，安置平稳，上下扶梯时，人应面向扶梯。

2.2.2　花灌木的修剪

1. 修剪技法

修剪的技法归纳起来基本是截、疏、放、伤、变。

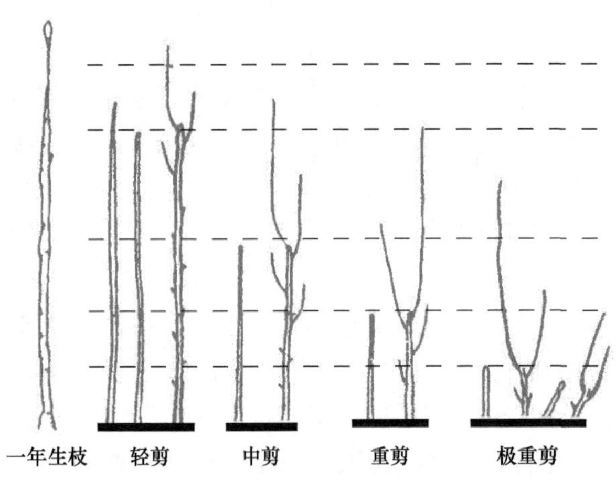

图2.2.1　不同程度短截新枝及其生长

（1）短截

短截又称短剪，指剪去一年生枝条的一部分，保留一定长度和一定数量的芽。短截是调节枝条生长势的一种重要方法，一般在休眠期进行。短截对枝条生长有促进作用，能刺激剪口侧芽的萌发，促进分枝，增加生长量。短截程度影响到枝条的生长，在一定范围内，短截越重，局部发芽越旺。根据短截的程度可分为以下几种（图2.2.1）：

轻短截　轻剪枝条的顶梢(剪去枝条全长的1/5～1/4)，主要用于观花观果类树木强壮枝的修剪。剪去枝条的顶梢后可刺激其下部多数半饱满芽的萌发，分散了枝条的养分，促进产生大量中短枝，有利于形成花果枝，促进花芽分化。剪后反应是在剪口下发出几个不太强的中长枝，再向下发出许多短枝。

中短截　剪去枝条全长的1/3～1/2，剪口位于枝条中部或中上部饱满芽处。由于剪口芽强健壮实，养分相对集中，刺激其多发营养枝。剪后反应是剪口先萌发几个较旺的枝，再向下发出几个中短枝，短枝量比轻短截少。故剪截后能促进分枝，增强枝势，连续中短截能延缓花芽的形成。主要用于某些弱枝复壮，以及各种树木骨干枝和延长枝的培养。

重短截　剪去枝条全长的2/3以上，剪口在枝条下部饱满芽处。剪截后由于留芽少，刺激作用大。由于剪口下芽为弱芽，除发1～2个旺盛营养枝外，下部可形成短枝。主要用于弱树、老树、老弱枝的复壮更新。

极重短截　剪截至轮痕处或在枝条基部留2～3个芽剪截。由于剪口芽为瘪芽，芽的质量差，剪后只能抽出1～3个较弱枝条，可降低枝的位置，削弱旺枝、徒长枝、直立枝的生长，以缓和枝势，促进花芽的形成，如紫薇的修剪。

短截应注意留下的芽，特别是剪口芽的质量和位置，以正确调整树势。

（2）回缩

将多年生枝条截去一部分，称为回缩或缩剪（图2.2.2）。一般在休眠期进行。回缩的修剪量一般较大、刺激较重，有更新复壮的作用。多用于枝组或骨干枝更新，以及控制树冠辅养枝等。其反应与缩剪程度、留枝强弱、伤口大小等有关。如果缩剪时留强枝、直立

枝，伤口较小，缩剪适度可促进生长；反之则抑制生长。前者多用于更新复壮，后者多用于控制树冠或辅养枝。

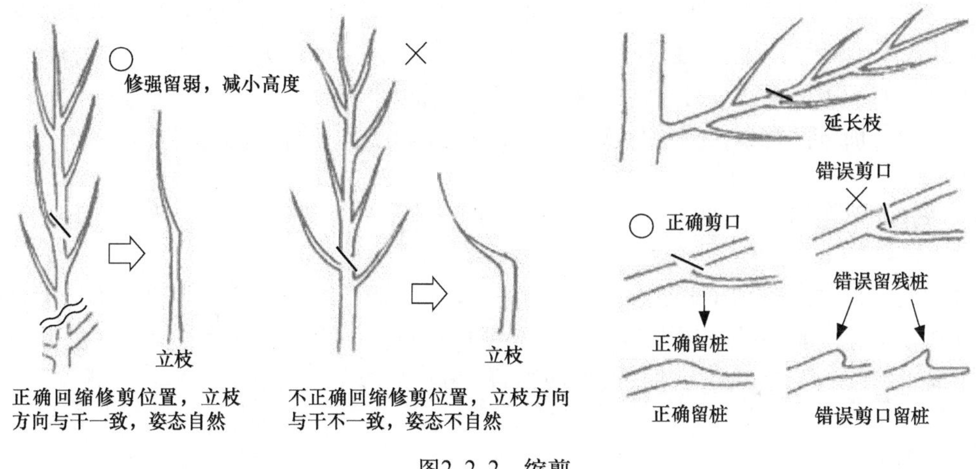

图2.2.2　缩剪

（3）疏剪

疏剪指将枝条自分生处(枝条基部)剪去，又称疏删。不仅一年生枝从基部剪去称疏剪，而且二年生以上的枝条，只要是从其分生处剪除的，都称为疏剪。

疏剪使枝条密度减少，加大空间，调节枝条均匀分布，改善树冠通风透光条件，增加同化作用，有利于树冠内部枝条生长发育，有利于花芽分化。疏剪的对象主要是枯枝、病虫枝、过密枝、徒长枝、竞争枝、衰弱枝、下垂枝、交叉枝、平行枝、重叠枝及并生枝等。

疏剪对附近枝条的刺激作用不如短截，不会造成大量的分枝。另外，对低于剪口的枝条有增强生长势的作用，而对于高于剪口的枝条，则有削弱生长势的作用。故疏剪枝条时应注意避免伤口过多，削弱树势。疏剪强度可分为3种：

轻疏　疏枝不超过全树枝条的10%。

中疏　疏去的枝条占全树10%～20%。

重疏　疏去的枝条达全树20%以上。

疏剪强度依树种、长势、树龄而定。萌芽力强、成枝力弱的或萌芽力、成枝力都弱的树种，少疏枝。萌芽力、成枝力都强的树种，可多疏，如紫薇。幼树宜轻疏，以促进树冠迅速增大，对于花灌木类则可提早形成花芽开花。

疏剪时，对将来有妨碍或遮蔽作用的非目的枝条，虽然最终也会除去，但在幼树时期，宜暂时保留，以便使枝体营养良好。为了使这类枝体不至于生长过旺，可放任不剪，尤其是同一树上的下部枝比上部枝停止生长早，消耗的养分少，供给根及其他部分生长的营养较多，因此宜留则留，切勿过早疏除。

2. 修剪的程序

修剪的程序概括起来，即“一知、二看、三剪、四拿、五处理”。

一知　修剪人员，必须知道操作规程、技术规范及特殊要求。

二看　修剪前先绕树观察，对实施的修剪方法应心中有数。

三剪　根据因地制宜、因树修剪的原则进行合理修剪。按照“由基到梢，由内及外，由粗剪到细剪”的顺序来剪。即先看好树冠的整体应整成何种形式，然后由主枝的基部自由内向外地逐渐向上修剪。这样就会避免差错或漏剪，既能保证修剪质量又可提高修剪速度。

四拿　修剪下的枝条及时拿掉，集中运走，保证环境整洁。

五处理　剪下的枝条，特别是病虫害枝条要及时处理，防止病虫害蔓延。

2.2.3 剪口处理与现场清理

修剪后，对树干上留下的较大伤口应涂一些质量较好的保护剂，防止病虫侵染，有利保护伤口。对于一些较小的剪口则通常不必使用伤口保护剂。修剪完毕之后，随时对修剪下的枝条进行清扫，防止对过路行人造成影响。

实践案例

月季的整形修剪

因月季园内许多月季要进行整形修剪，其中部分品种需要立即整形修剪，共180株，需要两天内完成。

施工安排：

人员准备　修剪工3人，垃圾清理和伤口涂抹工人1人。

工具　修枝剪3把，垃圾车一辆，扫帚、耙子各一。

药剂准备　伤口涂抹剂若干。

1. 月季修剪时期及修剪方法

（1）新栽月季的修剪

在移栽前首先疏去衰老枝、细弱枝、伤残枝；同时掘苗后对根系也要进行修剪，把老根、病根剪除，将伤根截面剪平，以利愈合。苗木定植好后一般需要进行一次较强的修剪。修剪程度，杂种长春月季每株留5～6个主枝，每枝自基部向上留7～8个芽短截；杂种香水月季每株留4～5个主枝，每枝留4～5个芽；藤本月季在枝条近基部10cm处剪截，先养好根系，以后才能抽生枝条，一般栽植后1～2年不需要修剪。

（2）越冬前修剪

月季在进入冬季休眠前一定要进行一次修剪，在长江以南地区，约在12月开始进行，此次修剪在北京地区是在11月上、中旬防寒之前进行。首先要检查植株，将枯死枝、病虫枝、交叉枝及生长不好的弱枝从基部剪除，同时剪除砧木上的不定芽和根蘖。然后根据植株健壮程度和年龄大小确定留主枝的数目，一般留主枝3～7个。如果需要去掉主枝时，则要根据全株枝条分布的疏密情况，适当从枝密的部位剪去。当主枝数确定后，

对全株进行修剪，一般每个枝条留 2 ～ 3 个芽 (不可多留)。剪口芽的方向，直立型品种：尽量选留外芽，但务必将剪口附近的朝上芽抹除，以免产生竞争枝，破坏树形，以期获得较为开张的树形，有利于通风透光；扩张型品种：剪口芽宜留里芽，以期新枝长得直立，使树冠紧凑。

在同一主枝上，往往同时存在几个侧枝，在冬剪时，要注意各枝间的主从关系。侧枝剪留长度，自下而上地逐个缩短，彼此占有各自空间。这样，整个植株开花有高有低，上下错落富于立体感。

要注意修剪的切口应在某一个腋芽的上方 0.5 ～ 1.0cm 的地方，而且切口应向芽的生长反方向倾斜，倾斜的角度为 30°～ 45°。如果剪得离芽太远，则过长的余头常常会发黑坏死而枯缩下去；如果剪得离芽太近，则芽容易受损死亡，即使能萌出新枝，由于与母枝相连太少而容易被风吹断。如果倾斜角度相反，则不是造成余头太长，就是离芽太近（图 2.2.3）。

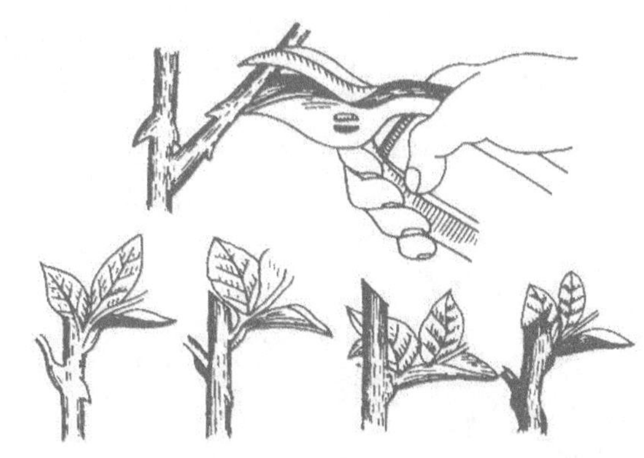

(a) 切口不齐　(b) 切口过低　(c) 切口过高　(d) 适当

图2.2.3　月季修剪留芽位置

（3）春季修剪

春季地栽月季解除防寒以后或盆栽月季出窖后，除浇水、施肥、喷药等正常管理工作外，要进行一次细致的修剪工作，这次修剪与第一次花开的大小和多少有很大关系。先要剪去枯死枝、细弱枝、病虫枝、伤残枝；嫁接苗要除掉砧木上抽发的萌蘖枝。区别这种枝的方法是：一般砧木上的萌蘖枝通常具小叶 7 ～ 9 枚，而由接穗基部萌发的脚芽通常有 5 枚叶片；砧木上的萌蘖枝颜色通常较淡、刺较多。碰到有些多花月季的品种接穗上的脚芽与砧木上的蘖芽情况相似，不易辨认时，可以挖开根边泥土，凡是从接口以下长出的新芽都是砧芽。如系扦插苗则可用根蘖枝、株丛空缺，也可用来更新老枝，故要根据具体情况决定对根蘖枝的取舍。如果留用根蘖枝，则可用以下方法进行处理：由于根蘖枝从根部发出，早春它能获得很多的养分，因而长得又粗又壮。如果任其自然生长，其优势将超过树冠内各级枝条，扰乱树形。因此，必须视具体情况，进行摘心，减缓长势并促多生分枝、以增加花量。这种健壮的根蘖枝，绝对不能齐地重截，因为重截后，养分集中，很快又长出更为健壮的直立枝，最后还要根据株形平衡的需要剪掉过长枝。

这次修剪实际是越冬前修剪的复剪，每枝留 2 ～ 3 个芽，留的过长的要重新剪去。在这里再次强调剪口芽一般直立型月季尽量留外侧芽，而扩张型的应沿树冠圆周方向留里芽或侧芽，以形成紧凑、丰满的树形（图 2.2.4）。

在越冬前修剪时，在北方寒冷地区，往往剪口芽上方留的余头较长，目的防止余头干枯影响剪口芽的生长。在复剪时一定要将过长的余头剪去，以免影响剪口芽生长的方向。

春季复剪后约 60 天（北京）开花，第一批花期在 5 月 20 日～ 6 月 20 日。

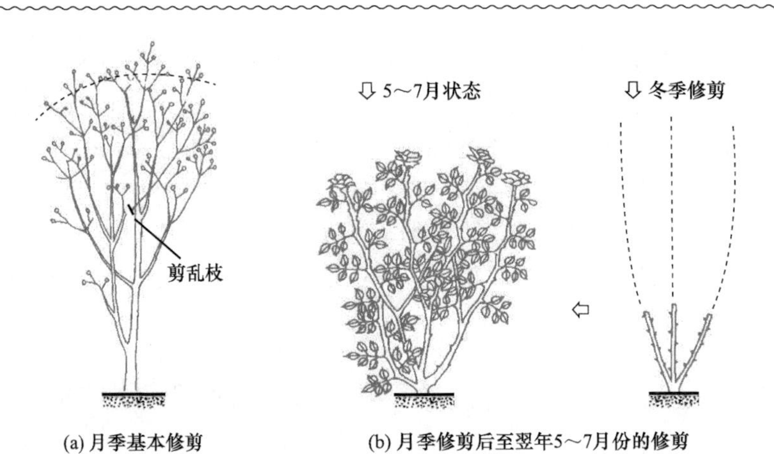

图2.2.4 月季冬季修剪

（4）花后修剪

为了集中营养，萌发新枝，花后及时剪去残花避免结实。第一批花后修剪，中等枝条应中截，枝条上保留3～4个芽；弱枝要重截留芽1～2个促萌发壮条；强枝要轻剪留芽5个可适当抑制生长。即所谓“强枝轻剪，弱枝强剪”，目的是使株形发育均衡。第二次花后修剪时则要轻，只在残花下第二片五小叶的上面下剪，保留第二片五小叶复叶的腋芽，这是一个在生长和发育上都具有最佳性能的芽，并处于全株的优势地位，剪除此芽会影响下次的花期、花朵质量以及植株的长势（图2.2.5）。

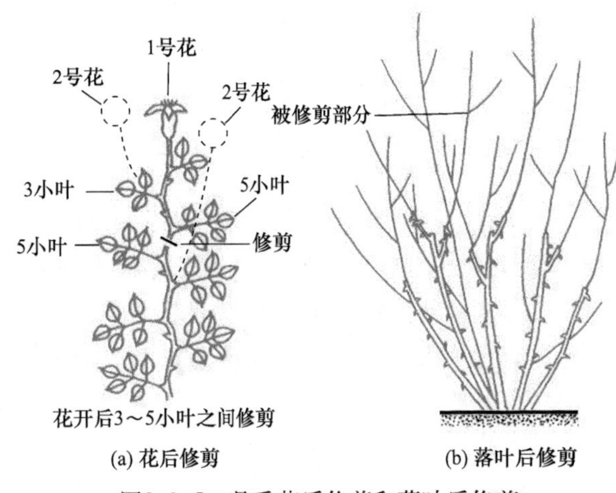

图2.2.5 月季花后修剪和落叶后修剪

立秋以后的花后修剪(第三批花)采用中截,每个枝条留3～4个芽;为照顾株形平衡,也可退至上批开花的枝条上下剪。修剪过程中要剪除重叠枝、交叉枝、过密枝、徒长枝等,以利通风透光和株丛匀称、饱满。

每次花后剪除残花是月季必须进行的一项修剪工作，除要采收种子进行繁殖以外，绝不能让残花结籽。届时剪除残花才能集中养分，保持植株强壮及开花不衰。若不及时去掉残花，在紧靠残花下的几个腋芽，往往会萌发，形成很弱的小枝，这些小枝既消耗养分又破坏株形，即使能开花，也大多是畸形的和不美的小花。

（5）控制花期的修剪

由于月季品种繁多，加之其花芽是一年多次分化型，只要环境条件适宜，四季均有月季花开。但是让月季在“五一”、“十一”等各大节日集中开出色彩艳丽的花朵也是件

不容易的事情。北京市天坛公园通过修剪、控制温度、加强肥水管理，成功地使月季花在各个节日盛开。

令月季“五一”开花修剪：

选盆栽健壮的3～5年生扦插苗或2～4年生嫁接苗，品种不宜过多，所选品种花期早晚要相近，株形要丰满。11月中旬进行重剪，每个枝条只留2～3个芽，不要多留，多留下部芽子不萌发，所生新梢弱。修剪的时间也不要过早，否则当年容易抽出新梢。至11月下旬叶已大部分落尽开始休眠，除掉剩余的枯叶，移入冷窖保存，窖内温度0～3℃。

根据所需花期计算，提前75天将月季自冷窖取出，放进中温温室。“五一”开花的，则于2月上、中旬进室，进室前室内要喷石硫合剂消毒，进室时还要注意各个品种摆放的位置。

进室后3～5天暂不加温，只保持0～5℃，使苗有段适应过程。然后加温，白天12～15℃，夜晚5～7℃，温度不可太高，而应注意通风，防止白粉病发生。3月后气温开始上升，要及时灭火，白天结合喷水、通风来降温。进入4月，更要逐渐加强通风直至昼夜门窗大开，使月季慢慢适应室外条件。4月中旬移出室外，放在背风处，在展叶后每周喷药一次防病。

初进温室时暂不浇水，芽子开始萌动，才开始浇水，但量要少，芽长到3厘米长时，施饼肥一次，浇水量也随之适当增加，可2～3天浇水一次。总之现蕾前水量要小，花蕾长到小枣大时，浇水量增加，隔天浇透水一次，直至出房。前期只施干肥——饼肥，现蕾后才开始每周追施液肥一次。采取以上措施月季于4月初开始出现小蕾,4月中旬开始显色，“五一”即可开花。为使花期一致，现蕾前后要不断观察比较，把发育稍早的植株，调换到室内光照和温度较差的地方，或用喷水降温等方法来控制；发育稍迟的植株则移放阳光和温度较高的位置，使其发育加快，这样在“五一”月季会集中而整齐的开放。

令月季“十一”开花：

在夏秋季节控制月季花期比较简单，只要掌握适当的修剪时间，不论地栽还是盆栽，都可以适时开花，国庆节应用的月季花，可于花前45天约在8月15日前后进行修剪，中截留芽3～4个不等，以后每枝上抽发2个小枝，少有1或3个小枝。修剪后加强肥水管理，注意防涝和防治白粉病，至9月下旬花朵则陆续开放。

另外，通过修剪可使聚花月季提前或推后花期。对此类月季采取轻剪能保留较多比较成熟的枝条，使植株提前两周开花；若重剪能使植株发出有利于秋天开花的壮枝，使秋花延晚两周。因此可以从整体考虑，对植株采用不同程度的修剪，提早或延长花期。

（6）更新修剪

更新修剪是对十年生以上的老月季而言，因为月季经过多年生长和开花，树体高大，下部干皮粗糙，呈灰褐色，芽眼及叶痕已无法判断。对这种老年月季修剪应特别注意，千万不要在干皮粗糙处下剪，因为这部分被冬春季干风吹袭，会失水枯死，发不出新枝。

对老月季更新最好的办法是利用根部萌蘖枝（或接穗基部的萌蘖枝），当萌蘖枝长到5片叶时，进行摘心，促下部腋芽萌发，早生分枝。由于月季根蘖枝营养丰富，经摘心后，一般可抽生2～4个强壮枝，在这时可将株丛内老枝逐步剪除。如果再有根蘖枝出现，采用同样的措施处理，经过冬剪后，树冠又重新形成了。但必须要加强肥水管理。

除利用根蘖枝进行老年月季更新外，还可以采取回缩更新方法，将老枝回缩到靠近基部2～3年生的新枝处，再对2～3年生的新枝短截，促发新的分枝，这样经过一年修剪也可重新形成株丛。但先决条件是：老枝下部要有年轻的枝条才行。

2. 造型月季的整形修剪

（1）多干瓶状月季的整形修剪

根据月季的分枝习性，无论是直立型品种，还是扩张型品种，均采用多干瓶状形，多干瓶状形是当前园林中月季最广泛采用的一种整形方式。此形特点是无主干，分枝点接近地面；初期主枝为3～5个，5～6年后，由于根的萌蘖条的不断萌生，主枝数达10个左右。具体做法：当扦插成活的月季幼苗，长出4～6片叶时，要及时进行摘心或剪梢。这样可以暂缓形成第一个花蕾，如果已经形成了花蕾，也要摘去，有利于枝干内养分的积累，促进根系发达和剪口下分枝的发育与成长。在栽培管理得当的情况下，当年即能在植株下部抽生2～3个互相错落分布的新枝，为形成优美的多干瓶状形打下基础（图2.2.6）。

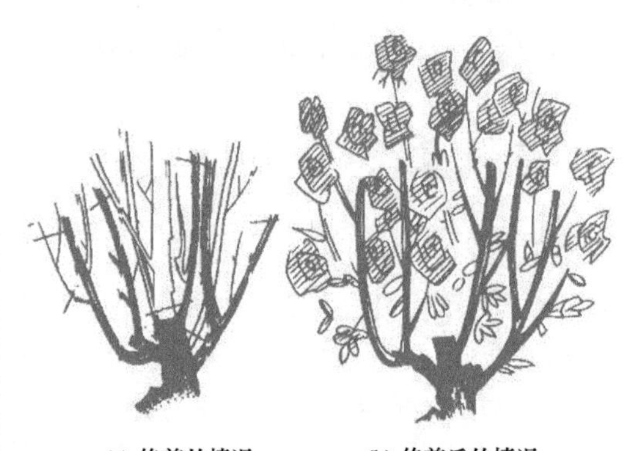
(a) 修剪的情况　(b) 修剪后的情况

图2.2.6 多干瓶式修剪

第一次冬剪时因为月季苗小，根系不发达，枝条也不多，故宜以轻剪为主，多留腋芽，以便在早春多发枝条。这次剪截长度根据枝条的强弱及其所处位置而决定，一般位于上部的枝条，长势较强，因此可酌情多留芽，留7～8个芽剪截；位于较下部位枝条角度较大，生长势由上至下依次递减，因此，留芽数量也适当减少，一般留3～5个芽。在肥水条件较好的情况下，春季每株可发9～12个新枝，约开9～12朵花，初步形成了多干瓶状树形。但要注意：同级侧枝要留同方向，避免产生交叉枝。短截时，扩张型品种，剪口留里芽；直立型品种，剪口要留外芽。

（2）树状月季的整形修剪

首先要培养一个通直的主干。当壮年植株发出一个很大的基部芽时，通过加强管理及适当修剪，有意识地促使它生长得挺拔壮实。待主干长到80～100cm时，要进行摘心；在主干上端剪口下选留3～4个主枝，其余枝条均剪除。当主枝长到10～15cm时，也要进行摘心，促使抽生分枝；在生长期内对主枝和侧枝要注意及时进行摘心，其目的就是增加枝条数量。到生长末期，树状月季基本成形。

有时将“树状月季”整剪成伞形即伞形月季。伞形月季一般是采用高接培养而形成的，通常用根系发达、少刺的藤本为砧木，在1.5～1.8m处短截，再选用四季开花的大花藤

本月季作接穗，嫁接在主干顶端20cm范围内，待接穗成活，长至20cm时摘心（留4～6个芽），促使抽生分枝。因为月季一年有多次生长的特性，所以每当新枝长到20cm左右时，就进行摘心，促其不断抽生分枝，以便及早布满事先做好的伞形支架上。摘心时要注意选留两侧腋芽。有时侧芽上方的芽优先发育（两侧新枝反而很弱），开花后可回缩到该芽的新生枝分枝处。冬剪时，伞面上每个新枝，可根据枝条强弱情况留芽4～8个短截。肥水得当，第二年即可开花。在以后的修剪时要注意防止枝条下部光秃。具体做法：①冬剪时，将每个侧枝的延长枝剪去，用处于较后部的一年枝作枝头；②如果侧枝生长过长，为了不使后部光裸，可在后部朝上枝或较健壮的侧枝处回缩。

树状月季具有很强的装饰性，但必须要注意其整形修剪，不然装饰效果就会大大地降低。修剪的主要任务是去除枯死枝、交叉枝及无用枝条。将主枝留约30cm进行短截，并要求各主枝长度近似，以维持树形圆整；对小分枝也要按一定的长度比例进行修剪，开花的分枝留2～3个腋芽短截。

高干嫁接的伞形月季，若修剪养护得当，每年都会在接点部位长出几个强壮的蘖芽。当发现蘖芽开始萌发时，应适当的切除部分老枝，促使它生长，当长到适当长度时，要及时去顶摘心，促使产生分枝，才能使树形更饱满。

（3）杂种香水月季、聚花月季和壮花月季的修剪

关于杂种香水月季的修剪目前存在两种看法：一种是强剪，每根枝条上只留2～3个腋芽。另一种则主张较轻的修剪，在生长季前一般约剪去植株的1/2，保留3～4个主枝，每枝高60～100cm，各带6～8个腋芽，这种轻剪的结果，能开较多的花；但若为了使花朵充分发挥它的观赏特性，可使主枝保留30cm高度，各带2～3个腋芽强度短截，同时将死枝、病枝及无用的小枝、交叉枝等剪除。对端部及上侧生长的壮分枝，留3～4个腋芽进行短截。

这类品种，在单枝开花时观赏效果极佳，所以为了观赏的需要，应在花蕾形成后及早摘除侧蕾。

在修剪过程中应根据植株生长的具体情况，灵活掌握：对幼年月季要轻剪，对成年的壮株可重剪；对生长势较弱的品种采用强剪（保留30～50cm），生长强壮的品种则轻剪（保留60～100cm）；对直立生长的品种，剪口芽要留向外侧生长的腋芽；扩张型的品种，要留向内侧生长的腋芽，使分枝能直立。总之，要细心观察，分析研究，不能采用同一的固定方法，应灵活采用各种方法。

聚花月季花多，并聚成球形，植株的分枝也较多，所以在修剪时必须注意这些特点。每年在生长季节前只修剪掉约1/4，保留主枝4～6个，每个主枝带7～8个腋芽。主要的修剪任务是剪除死枝、病枝及顶端的无用的小分枝；同时要随时注意植株的形状要匀称、饱满，还要考虑与周围植株高度基本一致。修剪时尽量保留所有能开花的花枝，花后从花下第一个饱满芽的上方去除残花。

聚花月季一般是中间的主蕾首先开放，几天后快凋谢时侧蕾才开，若希望同时开出又整齐又较大的花朵，可采取摘除主蕾的办法。

壮花月季开花特性介于杂种香水月季和聚花月季之间，修剪可参照上述二类来进行。但要注意这类月季生长势特别强，应该弱剪，让其充分地产生分枝，形成比较大的灌木。同时还要控制顶部的徒长枝，要多摘心，促其分枝。

标准与规程

江苏省城市园林绿化植物养护技术规定（节选）

（试行）

第五节　修剪整形

第2.5.1条　修剪能调整树形，均衡树势，调节树木通风透光和肥水分配，促使树木生长茁壮。整形是通过人为的手段使植株形成特定的形态。各类绿地中的乔木和灌木修剪以自然树形为主，凡因观赏要求对树木整形，可根据树木生长发育的特性，将树冠或树体培养成一定形状。

第2.5.2条　乔木类：主要修剪内膛肢、徒长枝、病虫枝、交叉枝、下垂枝、扭伤枝及枯枝烂头。道路行道树枝下高度根据道路的功能严格控制，遇有架空线按杯状形修剪、分枝均匀、树冠圆整。

第2.5.3条　灌木类：灌木修剪应促枝叶繁茂、分布均匀。花灌木修剪要有利于短枝和花芽的形成，遵循“先上后下、先内后外、去弱留强、去老留新”的原则进行修剪。

第2.5.4条　绿篱类：绿篱修剪应促其分枝，保持全株枝叶丰满，也可作整形修剪，线条整齐、特殊造型的绿篱要逐步修剪成形。修剪次数视绿篱生长情况而定。

第2.5.5条　地被、攀缘类：地被、攀缘类植物的修剪要促进分枝，加速覆盖和攀缘的功能，对多年生攀缘植物应清除枯枝。

第2.5.6条　枝条修剪时，切口必须靠节，剪口应在剪口芽的反侧呈45°倾斜，剪口要平整，并涂抹园林用的防腐剂。对于粗壮的大枝应采取分段截枝法，防止扯裂树皮，操作时要注意安全。

第2.5.7条　休眠期修剪以整形为主，可稍重剪；生长期修剪以调整树势为主，宜轻剪。修剪要避开树木伤流期。

第2.5.8条　在树木生长期要进行剥芽、去蘖、疏枝等工作，剥芽时不得拉伤树皮。

第2.5.9条　修剪剩余物要及时清理干净，保证作业现场的洁净。

习　　题

1. 简述花灌木修剪的意义。
2. 简述花灌木修剪要注意的问题。

任务2.3 绿篱的整形修剪

【任务描述】 具有萌芽力、成枝力强、耐修剪的树种组成的绿篱，通常通过修剪的方式，达到园林观赏的需要。

植物经过一段时间期的自然生长后会破坏造型，要使绿篱在一年之中始终保持规整的树形，必须经常进行修剪，抑制植物顶端生长优势，促使腋芽萌发，侧枝生长，墙体丰满，利于成型，满足设计欣赏效果。

通过项目训练，掌握绿篱修剪的方法、步骤及绿篱机具的使用方法和保养。

【任务目标】 1. 掌握各种造型绿篱的栽培与修剪养护技术。

2. 掌握相关机具的操作和使用方法。

【材料及设备】 植物材料：黄素梅、红花檵木、福建茶、小叶女贞、黄杨、海桐、珊瑚树、凤尾竹、千头柏、九里香、小蜡、雀舌黄杨、垂叶榕、蔷薇、胡椒木等。

工具：绿篱剪、绿篱修剪机、竹竿、绳子、扫把、筐等。

其他用品：90号以上无铅汽油、二冲程机油、配比壶、漏斗等。

【安全要求】 正确使用绿篱剪、绿篱修剪机，按照要求进行绿篱修剪工作，操作规范、正确。

【工作内容】

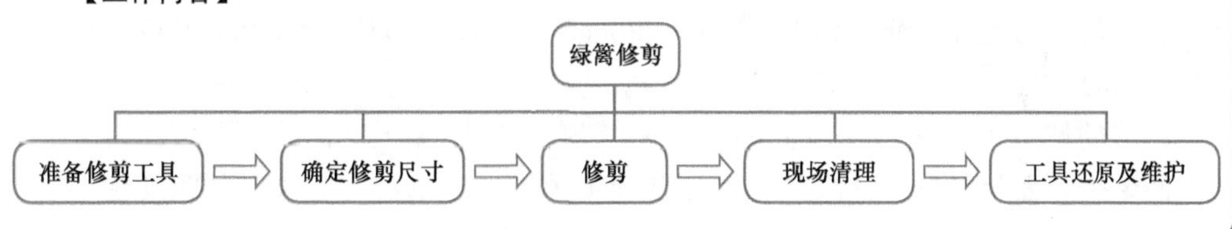

2.3.1 绿篱的整形方法及选其择

（1）自然式绿篱

这种类型的绿篱一般不进行专门的整形，在栽培养护的过程中只进行一般的修剪，剪除老枝、枯枝、病虫枝等枝条。自然式绿篱多用于高篱或绿墙。一些生长慢、萌芽力弱的小乔木在密植的情况下，如果不进行规则式的修剪，常可长成自然式绿篱。自然式绿篱因为栽植密度大，植株侧枝相互拥挤，不会过分杂乱无章。

（2）半自然式绿篱

这种类型的绿篱虽不进行特殊整形，但在一般修剪中，除要剪除老枝、枯枝、病虫枝等外，还要使植篱保持一定的高度，下部枝叶茂密，使绿篱呈半自然生长状态。

（3）整形式绿篱

这种类型的绿篱是通过人工修剪整枝，将篱体修剪成各种几何形体或装饰形体，如半圆球形、波浪式。整形式绿篱最普通的样式是标准水平式，即将绿篱的顶面剪成水平式样。修剪的方法是在绿篱定植后，按规定的形状、高度与宽度及时剪除上下左右枝，修剪时最好不要使篱体上大下小，以免给人头重脚轻的感觉，并可避免造成下部枝叶的枯死和脱落。在修剪中，经验丰富的操作人员可随手剪去并达到整齐美观的要求，不熟练的人员操作或造型复杂的，应先拉线绳定型，然后再以线为界进行修剪。对于粗大的主干去掉的部分应低于外围侧枝，以促进侧枝生长，将粗大的剪口掩盖住。

2.3.2　整形式绿篱的配置形式与断面形状及其选择

绿篱的配置形式与断面形状可根据不同条件定，但凡是外形奇特的圆形绿篱，修剪起来都比较困难，需要有熟练的技术和丰富的经验。因此在确定篱体外形时，一方面应符合设计要求，另一方面还应与树种的习性和立地条件相适应。

（1）条带式绿篱

这种绿篱在种植方式上，多用直线形。但在园林中，为了特殊需要，如便于安放坐椅和塑像等，也可栽植成各种曲线或几何图形，在整形修剪时，立面形体必须与平面配置形式相协调。此外，在不同的小地形中，运用不同的整形方式，也可收到改造小地形的效果，而且有防止水土流失的作用。为了使绿篱基部光照充足，枝叶繁茂，其断面常剪成正方形、长方形、梯形、圆顶形、城垛、斜坡形。修剪的次数因树种生长情况及地点不同而异。

梯形　这种篱体上窄下宽，有利于地基部侧枝的生长和发育，不会因得不到光照而枯死稀疏。篱体的下部一般应比上部宽15～20cm，且东西方向的绿篱北侧基部应更宽些，以弥补光照的不足。

正确的修剪方法是：先剪其两侧，使其侧面成为一个斜平面，两侧剪完，再修剪顶部，使整个断面呈梯形。这样的修剪可使绿篱植物上、下各部分枝条的顶端优势受损，刺激上、下部枝条再长新侧枝，而这些侧枝的位置距离主干相对变近，有利于获得足够的养分。同时，上小下大的梯形有利于绿篱下部枝条获得充足的阳光，从而使全篱枝叶茂盛，维持美观外形。横断面呈长方形或倒梯形的绿篱，下部枝条常因受光不良而发黄、脱落、枯死，造成下部光秃裸露。

方形　这种篱体造型比较呆板，顶端容易积雪而受压变形，下部枝条也不易接受到充足的光照，以致部分枯死而稀疏。

圆顶形　这种篱体适合在降雪量大的地区使用，便于积雪向地面滑落，防止积雪将篱体受压变形。

柱形　这种绿篱需要选用基部侧枝萌芽力强的树种，要求中央主枝能通直向上生长，不扭曲，多用于作背景屏障或防护围墙。

杯形　这种造型虽然显得美观别致，但是由于上大下小，下部侧枝常因得不到充足阳光而枯死，造成基部裸露。

球形　这种造型适用于枝叶稠密。生长比较缓慢的常绿阔叶灌木，多成单行栽植，株间拉开一定距离，以一株为单位构成球形。

（2）图案式绿篱的修剪整形

组字或图案式绿篱，采用矩形的整形方式，要求篱体边缘棱角分明，界限清楚，篱带宽窄一致，每年修剪的次数比一般镶边、防护的绿篱要多，枝条的替换、更新时间应短，不能出现空秃，以始终保持文字和图案的清晰可辨。用于组字或图案的植物，应较矮小、萌枝力强、极耐修剪。目前常用的是瓜子黄杨或雀舌黄杨。可依字图的大小，采用单行、双行或多行式定植。

（3）绿篱拱门制作与修剪

绿篱拱门设置在用绿篱围成的闭锁空间处，为了便于游人入内常在绿篱的适当位置断开绿篱，制作一个绿色的拱门，与绿篱联为一体，游人可自由出入，又具有极强的观赏、装饰效果。制作的方法是：在断开的绿篱两侧各种1株枝条柔软的小乔木，两树之间保持较小间距，然后将树梢向内弯曲并绑扎而成。也可用藤本植物制作，藤本植物离心生长旺盛，很快两株植物就能绑扎在一起。由于枝条柔软，造型自然，并能把整个骨架遮挡起来。绿色拱门必须经常修剪，防止新梢横生下垂，影响游人通行；并通过反复修剪，始终保持较窄的厚度，使拱门内膛通风通光好，不易产生空秃。

（4）造型植物的修剪整形

用各种侧枝茂盛、枝条柔软、叶片细小且极耐修剪的植物，通过扭曲、盘扎、修剪等手段，将植物整成亭台、牌楼、鸟兽等各种主体造型，以点缀和丰富园景。造型要讲究艺术构图的基本原则，运用美学的原理，使用正确的比例和尺度，发挥丰富的联想和比拟等。同时做到各种造型与周围环境及建筑充分协调，创造出一种如画的图卷、无声的音乐、人间的仙境。

造型植物的修剪整形，首先应培养主枝和大侧枝构成骨架，然后将细小的侧枝进行牵引和绑扎，使它们紧密抱合生长，按照仿造的物体形状进行细致的修剪，直至形成各种绿色雕塑的雏形。在以后的培育过程中不能让枝条随意生长而扰乱造型，每年都要进行多次修剪，对树体表面进行反复短截，以促发大量的密集侧枝，最终使得各种造型丰满逼真，栩栩如生。造型培育中，绝不允许发生缺棵和空秃现象，一旦空秃难以挽救。

2.3.3　绿篱修剪的实践操作

1. 修剪工具的准备

绿篱剪（图2.3.1）　检查夹皮、刀片咬合严不严、螺帽有无松动或脱落情况，避免使用过程中出现故障。

竹竿、绳子　确定修剪尺寸。

扫把、筐　清理场地。

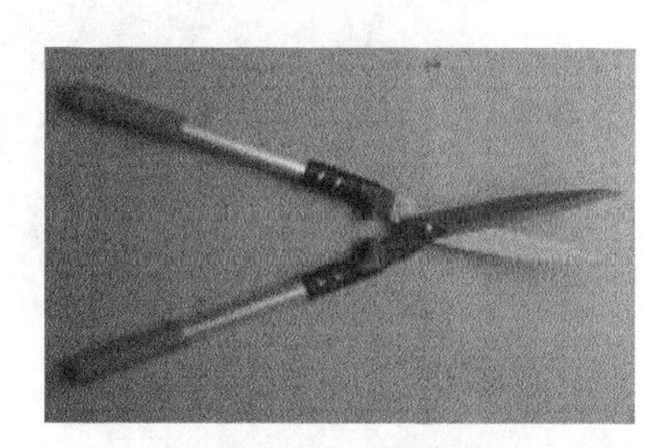

图2.3.1　绿篱剪

2. 确定修剪尺寸

对于条带式绿篱，为了保证修剪后平整，笔直划一，高、宽度一致，修剪时可在绿篱带的两头各插1根竹竿，再沿绿篱上口和下沿拉直绳子，作为修剪的准绳。每次修剪原则上不超过上一次剪口，已定型的绿篱新枝留高不超过5cm。

3. 修剪及修剪后的现场清理

（1）修剪的操作

要求刀口锋利，修剪时持剪刀要与绿篱平行修剪，紧贴篱面，不漏剪少重剪，旺长突出部分多剪，弱长凹陷部分少剪。对于较粗枝条，剪口应略倾斜，以防雨季积水导致剪口腐烂。同时注意直径在1cm以上的粗枝剪口，应比篱面低1～2cm，使其掩盖于细枝叶之下，避免因绿篱刚修剪后粗剪口暴露影响美观（图2.3.2）。

墙状修剪绿篱应侧面垂直，平面水平，轮廓清晰，棱角分明，无明显缺剪漏剪，无崩口，脚部整齐（图2.3.3）。

造型（圆形、蘑菇形、扇形、长城形等）绿篱按型修剪，顶部多剪，周围少剪，将当年生高出造型面的枝条剪去，保持修剪面的平滑、整齐（图2.3.4～图2.3.6）。

图2.3.2 绿篱剪的使用

图2.3.3 修剪后的墙状绿篱

图2.3.4 圆柱形绿篱修剪

（2）现场清理

清理剪下的枝叶，不能有枝叶挂于绿篱上，将场地清理干净。

清场：绿篱内生出的杂生植物、爬藤等应及时予以连根清除；剪下来的残枝叶要随即清理掉，保持绿篱及地面的整洁。

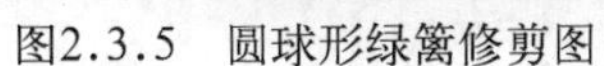

图2.3.5 圆球形绿篱修剪图

图2.3.6 图修剪后的圆球形绿篱

4. 工具还原剂维护

将绿篱剪清点还原，清理刀片上的植物残骸，用带油的布条擦干净刀片。

考证提示

技能要求

1) 能对常见绿篱确定正确的修剪时间、修剪尺寸。

2) 能正确使用修剪工具，掌握修剪方法。

3) 能按要求对绿篱进行修剪，操作熟练，修剪效果良好，造型美观。

4) 能进行绿篱的栽培与修剪后的管理工作。

5) 能对绿篱修剪机进行使用后的保养。

相关知识

1) 绿篱植物生长发育规律。

2) 修剪工具的结构要点、用油要求、使用方法、注意事项及保养要点。

3) 绿篱修剪的技术要点。

实践训练

条形绿篱修剪

对校园内绿篱进行常规性修剪，其中条形绿篱面积为500m^2，宽度为0.8～1 m，主要由小叶女贞、黄素梅、红花檵木、福建茶等建成，需要2个工人、2台绿篱修剪机在一天内完成修剪任务。

绿篱修剪机修剪步骤为加油、起动、修剪、关机、机械保养、清理修剪场地（图 2.3.7）。

加油　将二冲程机油、90 号以上无铅汽油按比例(新机子机油与汽油比例为 1 ：20，过了磨合期的机子机油与汽油比例 1 ：25）配好混合，加油。加油时切记关闭发动机（图 2.3.8）。

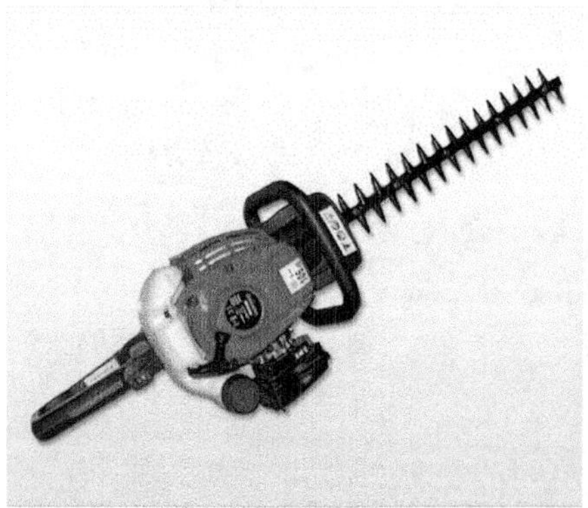

图2.3.7　绿篱修剪机

图2.3.8　加油

起动　冷起动时把发动机开关拨到“开”（ON）的位置，打开风门，放进一些空气，然后关闭，拉起动绳起动(或起动器)，反复几次，直到机器起动，打开风门，让发动机空转 3 ～ 5 分钟，轻轻地捏紧油门调节杠杆，然后突然松开，使得自锁解除。此时发动机按额定转速正常工作。热起动时，风门保持在半开或全开状态，其余同冷起动（图 2.3.9）。

修剪　确定修剪高度：一般不低于上一次剪口。修剪顺序：先剪正侧面，再剪水平面，然后是次侧面（图 2.3.10）。

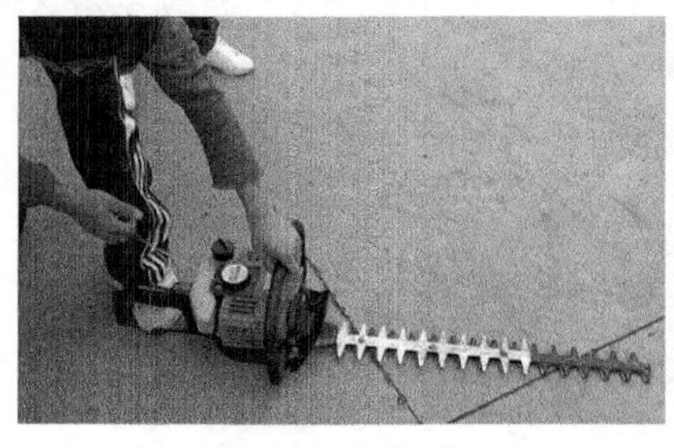

图2.3.9　起动

图2.3.10　边缘修剪

修剪时应保持平顺整齐，高低一致；要保持操作者身体处在汽化器一侧，绝不允许处于排气管一端，以免被废气烫伤。按工作需要调节控制油门(即转速)，发动机运转速度过高是不必要的；反复找平剪过的地方，修脚部。

关机　工作完毕后停机，关闭油门，清洁外壳，如长时间不再用，应把油倒出，起动机器空转 3 ～ 5 分钟，将油路里的油使用完，待用。离场，做好相关工作记录。

清场　清理剪下的枝叶，不能有枝叶挂于绿篱上，将场地清理干净。

绿篱修剪注意事项　注意事项有以下几种。

1）机油与汽油的配油比例准确。

2）冷机起动时先泵 3 次油，起动时绿篱修剪机剪口不能向着人，刚起动时不能加太

多油，起动后拿好机器后逐渐加大油门。

3）手握开动着的绿篱机应遵守横平竖直的原则，严禁剪口朝向自己身体任何部位。

4）绿篱定高原则上不能低于上次修剪的高度，剪后应彻底清理剪下的枝条。

5）修剪时身体不能压着绿篱，若绿篱太宽可分别在绿篱的两边修剪（图 2.3.11 和图 2.3.12）。

图2.3.11　正面修剪

图2.3.12　修剪后

巩固训练

1. 以实训小组(2～3人一组)为单位，选择不同形状类型绿篱及不同树种种类的绿篱，制定修剪方案。

2. 选择以上2～3种不同绿篱，进行方案实施。

要求：绿篱类型及种类选择应具有代表性和针对性，修剪过程要严格按照流程进行，组内同学互相配合协作，保证修剪效果良好，避免出现无法挽回的失误；按要求使用工具，要保证修剪过程设备良好的运行及人员的安全，不能打闹；使用后进行机械的还原及维修保养。

标准与规程

绿篱修剪机操作规程及保养维修（节选）

本规程引用城镇建设行业标准 CJ/T 5014 — 1994 绿篱修剪机

4. 操作规程

4.1 操作者应按产品使用说明书规定，正常使用。

4.2 修剪绿篱带的枝条密度最大枝干直径应与使用的绿篱修剪机性能参数相符。

4.3 工作时修剪机必须处于正常的技术状态。刀片转动或往复运动应灵活。旋刀式修剪机定刀和动力间隙 1mm 以下，往复式修剪机闭合后接触面间隙不超过 0.15mm。

4.4 发动机在常温下正常工作时，起动三次允许拉动起动绳三回。其中至少有一回起动成功。若发动不着或起动困难，应找出原因，排除故障后，才能继续使用。

4.5 工作过程中要经常注意紧固联接件。按修剪质量情况及时调整刀片间隙或更换损坏零件。不允许带着故障工作。

4.6 修剪后的质量应平整，基本无漏剪，撕裂率小于10%。

5. 保养维修

5.1 应按产品制造厂家规定的机器使用说明书规定，正确维护保养。

5.2 清除一切草屑、土粒、杂物。检查是否有紧固件松动，零件丢失等现象。检查是否漏油。每次使用后应清洁刀片，并涂油。脏物粘得多时，应浸液并用刷子刷净后再涂油。

5.3 故障检查

5.3.1 常见故障一般分为发动机起动不着或起动困难、输出功率不足、齿轮箱过热等。按机器说明书规定检查并修理。

5.3.2 在正常工作情况下，零部件严重变形、断裂，零件过量磨损，机件失灵等情况，均属大故障，未经彻底修复，不得继续使用。

5.3.3 主要机构和传动零件发生故障，排除时间应少于1.5小时。平时不正常发生的故障，排除时间在1.5小时以下的(0.5小时以上)称为中故障。发生中故障时，允许在作业班工作时停机修理，然后继续使用。

5.3.4 工作过程中发现紧固件松动，电器接触不良等现象，称为小故障。在不过分影响工作质量及工作安全时，允许暂时继续工作，待作业完成后再修理或调整。

相关链接 ☞

园林学习网：http://www.ylstudy.com/thread-26218-1-1.html

园林吧：http://www.yuanlin8.com/.

习　　题

1. 简述条带式绿篱修剪的要求与方法。
2. 简述绿篱修剪机的结构、工作原理、用油要求及作用时注意事项。

任务2.4 地被植物的修剪

【任务描述】 草坪是现代园林中运用最广泛的地被之一，草坪草是最为人们熟悉的地被植物，具有生长点低，修剪后可再生的特点，每年的生长季节，通过修剪避免草坪草疯长倒伏、枯黄，改善通风、透光，使草坪草健康生长不致干枯死亡，滋生病害。通过项目训练，保持草坪整齐、美观以及充分发挥草坪的坪用功能和观赏价值，并掌握草坪机械操作技术和使用要求、方法。

【任务目标】 1. 掌握草坪的栽培与修剪养护技术。
2. 掌握相关机具的结构、维护要点及操作使用方法。

【材料及设备】 植物材料：结缕草、细叶结缕草、中华结缕草、狗牙根、地毯草、假俭草、早熟禾、黑麦、匍匐剪股颖等。
工具：草坪修剪机。
其他用品：90号以上无铅汽油、四冲程机油、漏斗、扫把、筐、耙子等。

【安全要求】 正确使用机械，按照要求进行草坪修剪工作，操作规范、正确。

【工作内容】

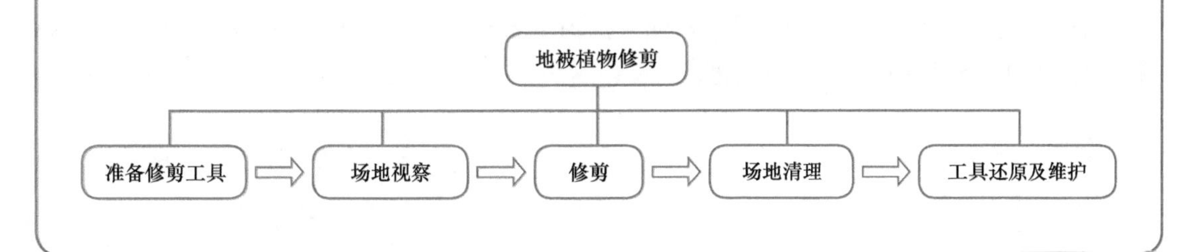

2.4.1　修剪准备

1. 修剪工具的准备

草坪修剪机（图2.4.1）的准备
1）检查草坪修剪机，盖上火花塞，调整好剪草高度。
2）添加四冲程机油和90号以上铅汽油到规定位置。

图2.4.1　草坪修剪机

2. 场地视察

为了使草坪机刀口不被硬物破坏、在草坪修剪前必须仔细检查将要修剪的草坪，及时清除草地上的石块、棍棒、铁丝、树枝等杂物，不能移动的障碍物则做上明显标志。同事草地不能太潮湿。

2.4.2　修剪操作与场地清理

小面积可以采用条状修剪运行方式，见图2.4.2。

大面积草坪可以采用循环式修剪运行方式，如图2.4.3所示。

足球场草坪的修剪采用来回往返修剪并同向滚压或采用间歇修剪的方式（图2.4.4）。

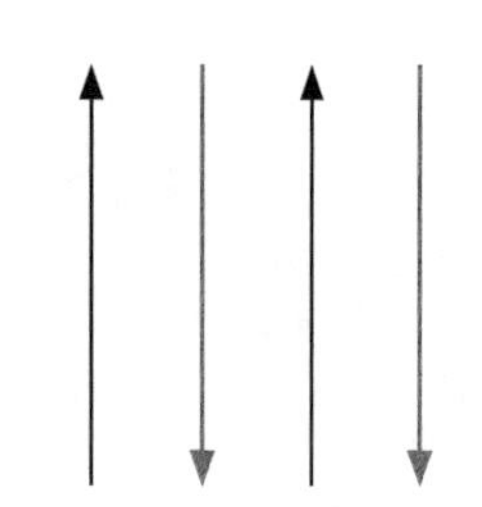

图2.4.2　小面积草坪的修剪

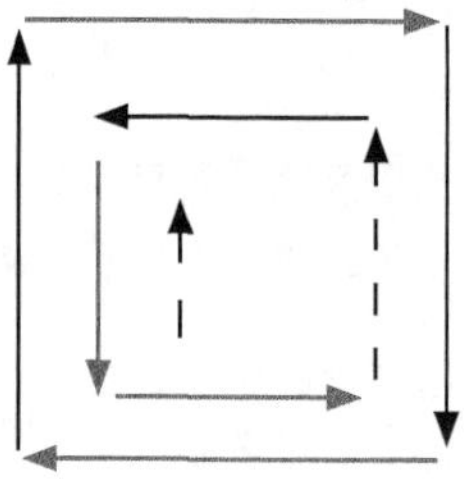

图2.4.3　大面积草坪的修剪

图2.4.4　足球场草坪修剪

场地清理内容有：草屑较短，留在草坪内分解；草屑较长，则需移出草坪；有病害草坪的草屑，清除出并焚烧处理。

2.4.3　工具还原及维护

将剪草机各部分擦干净，将机油、汽油从油箱里倒出，发动机器，让其空转，将残留的油消耗掉；关机，关上风门，拔掉火花塞。

考证提示

技能要求

1）能对草坪确定正确的修剪时间、修剪尺寸。

2）能正确使用草坪机械，掌握修剪方法。

3）能按要求对草坪进行修剪，操作熟练，修剪效果良好，造型美观。

4）能进行草坪的建植与修剪后的管理工作。

5）能对草坪机械进行使用后的保养。

相关知识

1）草坪及地被植物生长发育规律。

2）修剪工具的结构要点、用油要求、使用方法、注意事项及保养要点。

3）草坪修剪的技术要点。

4）草坪建植与管理的技术要点。

实践训练

结缕草草坪修剪

对校园内结缕草草坪进行常规性修剪，修剪面积为1000m^2，如果草坪平整，需要3个工人2台草坪修剪机在一天内完成修剪任务。如果草坪上点缀有各种植物或假山、水池及别的障碍物，地形地势比较复杂，修剪难度较大，则需要增加两个工人协助完成，其中有一人专门负责修剪后草屑的清理工作。

1）操作人员按要求着装，着长袖长裤厚底鞋，不得赤脚或穿凉鞋。

2）场地视察：清理各种杂物。草地不能太潮湿。

3）加油：按要求加油，为避免火灾，不得将燃油加得过满，若油洒在机器表面，应擦净，若洒在地上，应挪走到一定距离后方可起动机器。

图2.4.5　启动

4）启动（图2.4.5）：冷启动时，打开风门，放进一些空气，然后关上风门，热启动可将风门放置半开的位置。一手抓住操纵杆和离合器，一手用力拉动启动绳，将机器发动起来，调整合适大小的油门，然后推动机器向前走。作业中，要经常注意剪草机有无异常现象，若有异常声音及零件松动等情况，应立即停机进行检修。

5）修剪：按顺序将草坪一带带地剪好，修剪后的草坪应平整，基本无漏剪。在坡地或凹凸不平的草坪上作业时，应适当降低行驶速度。要缓慢停车或起步，以防意外。将剪下的碎草集中运走，并用专用的耙子将遗留在草地上的碎草耙走，保持美观（图2.4.6）。

6）剪完后，收拾干净场地，然后保养机器（图2.4.7）。

图2.4.6　草坪修剪机的使用

图2.4.7　修剪后的草坪

巩固训练

1. 以个人为单位，选择一块草坪，制定修剪方案。

2. 进行方案实施。

要求： 修剪过程要严格按照流程进行，保证修剪效果良好，避免出现无法挽回的失误；按要求使用工具，要保证修剪过程设备良好的运行及人员的安全。使用后进行机械的还原及维修保养。

标准与规程

草坪剪草机的技术要求及操作规程（节选）

本标准（规程）引用中华人民共和国建设部标准 JJ 79－1989 草坪剪草机。并参考中华人民共和国专业标准 ZBP 54001－54005－1987 草坪割草机（中华人民共和国林业部批准）。

3. 技术要求

3.1 动力驱动的齿轮、皮带等应设有罩壳或其他附加装置。刀片的罩壳应具有足够的强度，能有效地起到草的导向防护作用。

3.2 发动机在常温下起动可重复三次，每次间隔时间 2 秒。一次允许拉动起动绳三回，其中应有一回起动成功。

3.3 操作者耳旁的噪声不得超过 90dB。

3.4 应在刀片罩壳醒目处写有“刀片旋转，危险！”等字样。

3.5 传动系统应转动灵活，不得有异常响声，减速箱不得漏油。

3.6 剪草高度调节机构的调整应灵活方便，不得有跑位事情发生。

3.7 剪草机修剪后的草坪应平整，基本无漏剪。

3.8 剪草机行走轮中心应处于同一水平面，行走轮应能转动自如，推动时轻便省力。

3.9 剪草机应有可靠的安全防护设施。

3.10 对旋刀式剪草机，出口草应有集草装置或防护装置或两者皆有。集草装置或防护装置应安装牢固，保证操作者的安全。出草口排出的草不得直接进入操作区。

3.11 对滚刀式剪草机，滚刀两侧应按规定按装罩壳，且滚刀最外点到刀片罩壳内表之间间隙不得少于 10mm，手柄末端到滚刀后部垂直切线的水平距不应少于 450mm，以免操作者工作时脚被伤害。用脚模型试验时，脚模型不得与滚刀相碰。

4. 安全操作

4.1 操作者应按产品使用说明书规定正常使用。

4.2 准备：

4.2.1 操作者必须认真阅读和熟识剪草机使用说明掌握其使用方法后方准使用。

4.2.2 操作者应穿长裤，不得赤脚或穿凉鞋。

4.2.3 剪草机附近有非操作人员时，不得作业。

4.2.4 作业前应清除草地上的石块，棍棒、铁丝等杂物。草地不能太潮湿。

4.2.5 随机备用的燃料应装在专用的容器内，并放于阴凉处。

4.2.6 要起动前按规定添加燃油，为避免火灾，不得将燃油加得过满，若油洒在机器表面，应擦净，若洒在地上，应挪走到一定距离后方可起动机器。

4.2.7 起动前，应检查切割机构；防护装置和传动装置是否正常。不得使用没有安装防护装置的剪草机。一旦发现刀片裂，刀口缺口或钝，应及时更换、磨利。

4.2.8 带有离合器或紧急制动的切割装置，起动前应使机构处于分离状态。

4.2.9 草坪剪草机折叠把手，应在作业前锁紧，防止作业时意外松脱而失控。

4.2.10 作业前要检查停机装置是否可靠。

4.3 操作：

4.3.1 操作时，手和脚不准靠近旋转部件。

4.3.2 操作者远离剪草机时，发动机应熄火停机。

4.3.3 转移作业场地时，应使切割机构停止转动。

4.3.4 发动机和切割机构停止运转前，不准检查和搬动剪草机。检查和搬动时，要特别当心碰伤手、脚。

4.3.5 发动机不得超速运转。

4.3.6 发动机过热时，应经怠速运转后才可停机。

4.3.7 剪草机倒退或后拉动时，应注意不要碰伤手、脚。

4.3.8 作业中，要经常注意剪草机有无异常现象，若有异常声音及零件松动等情况，应立即停机进行检修。

4.3.9 停机检查和调整时，当心被排气管（消声器）烫伤。

4.3.10 发动机正在运转、发动机过热或机旁有人抽烟时，禁止加油。

4.3.11 在坡地或凹凸不平的草坪上作业时，应适当降低行驶速度。要缓慢停车或起步，以防意外。

4.3.12 刀片碰到石头或其他障碍物后，应立即停机，检查是否有零件损坏。

4.3.13 下列操作，应在停机后进行。拆去集草袋；调节剪草高度或清除排草通道的堵塞物等。

4.3.14 乘座式剪草机不准乘带非操作人员。

4.3.15 小块草地只允许一台剪草机作业；多台剪草机同时在一块较大的草坪上同时作业时，剪草机之间应保持一定距离，以免发生危险。

4.3.16 每天工作结束后，应关闭油箱开关。

5. 维护保养

5.1 应按产品制造厂家规定的机器使用说明书规定正确维护保养。

5.2 刀片不平衡；震动严重；操作者耳旁噪声超标；剪草抛出不理想；发动机起动困难；传动系统有严重响声及紧急制动系统失灵等故障，均属严重缺陷。一旦发生上述严重缺陷，必须彻底修复后，才允许工作。

5.3 工作过程中发现紧固件松动等现象时，在不影响剪草质量及安全情况下，可允许在作业暂告一段落后在工作现场停机修理，然后继续使用。

相关链接 ☞

园林学习网：http://www.ylstudy.com/thread-26213-1-1.html

园林吧：http://www.yuanlin8.com/

习　　题

1. 论述草坪修剪的作用。
2. 论述剪草机的作用方法及注意事项。
3. 地被植物的养护管理包括哪些方面？

园林植物的养护

教学指导 ☞

项目导言

园林树木以其独特的生态、景观和人文效益造福于城市居民，维护城市的生态平衡，成为城市的绿色屏障和生物观赏资源。园林植物栽植之后为了促使其生长良好，保持旺盛的生长量，促进树木的效益能正常而持久的发挥，需要采取一定的技术措施和管理办法，养护工作必须做好做到位才行。植物的养护包括两种基本过程，即刚成活期养护和成活后日常的维护管理。

园林植物的养护就是要根据树木在生长过程中遇到的环境条件和人为因素，分析利弊因素对于树木生长的影响，通过细致的培育管理措施促进其良好健康的生长，在实地分析树木生长特性、环境条件和受害程度的基础上，提出具体而明确的措施，能根据技术实施标准进行针对性强的养护，确保园林树木的生长环境包括自然环境、树体环境得到改善，确保园林树木各种有益效能的稳定发挥。

知识目标

1. 熟悉园林树木生长发育的阶段特征，明确影响树木生长的环境因子。
2. 理解树木养护管理工作的长期性和复杂性，掌握乔木、灌木和草本等树木养护管理的特殊性和普遍性。
3. 掌握园林树木养护的原理和基本原则，明确不同类型树木养护技术实施的特点。
4. 熟悉用于园林植物、绿地养护的工具设施，各种工具的特点。
5. 明确当地园林树木生长环境对于树木生长发育的影响规律。

技能目标

1. 能根据园林树木观赏要求、树种特性及环境条件完成具体的养护技术措施。
2. 通过养护方案的实施，锻炼学生分析问题和解决树木养护问题的基本能力。
3. 能独立开展树木的养护管理技术实施，有一定的组织协调能力。
4. 能根据树木生长发育规律和生态要求，编制树木的养护管理工作月历。
5. 能独立分析树木生长特点，观赏功能和树形要求，制定具体的养护技术措施，运用恰当的方法完成养护技术操作。
6. 会运用正确方法进行评估园林树木实施养护后，生长状态与树势恢复状况。

任务3.1 园林植物的土壤管理

【任务描述】 土壤是园林植物生长的基础，也是植物生命活动所需水分和养分的储藏仓库。园林植物生长的好坏，如根系的分布范围、根量的多少、吸收能力的强弱、叶片光和作用的高低和植株的大小等都与土壤有着密切的关系。

秋末，市内某在建公园要进行土壤养护管理，该公园在城市旧区改造后的一片旧居住区基础上建设，保留了已存在的所在树木。

此公园原来是一片旧居住小区，拆迁之后建成公园。原土壤结构干扰严重，建筑废弃物较多，常年受人为踩踏、机械车辆辗压，土壤物理性较差，土壤板结、透气透水不良，水、气矛盾突出，大量建筑材料使该区域土壤呈碱性，植物的立地条件较差。

【任务目标】 为增强土壤透气透水性，首先要进行深翻熟化，其次对于土壤完全不适合植物生长的区域要进行客土改良，最后对土壤贫瘠、板结严重、酸碱度偏高的地段，要通过施肥、施疏松剂等化学方法进行改良。

1. 掌握园林绿地土壤改良的方法。
2. 掌握园林绿地土壤日常管理的措施。

【材料及设备】 1. 待土壤管理的园林植物若干。

2. 锄头、铁锹、粗齿耙、细齿耙等。

【操作要求】 进行土壤管理时，与树木根系相距较近，需注意避免因野蛮操作而伤及树木根颈和根系。

【工作内容】

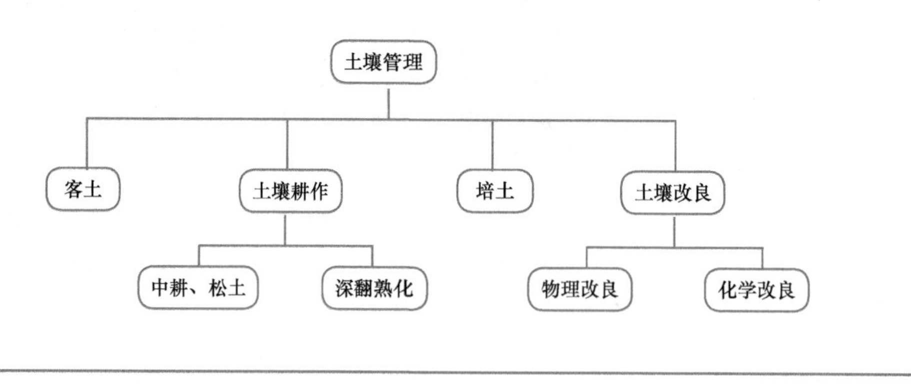

3.1.1 客土

在栽植园林植物之前，对栽植地实行局部或全部换土。在以下两种情况时，需要进行客土操作。

1. 土质差

栽植地的土壤不适宜园林植物的生长，如坚土、重黏土、砂砾土及被有毒的工业废水污染的土壤等，或在清除建筑垃圾后仍然板结，土质不良时，应酌量增大栽植面，全部或部分换入肥沃的土壤。

2. 土质不符

树种需要有一定酸度的土壤，而本地土质不合要求时，最突出的例子是在北方种酸性土植物，如栀子、杜鹃花、山茶、八仙花等，应将局部地区的土壤全换成酸性土，至少也要加大种植坑，放入山泥、泥炭土、腐叶土等，并混拌有机肥料，以符合酸性树种的要求。

3.1.2　土壤耕作

1. 中耕、松土

中耕、松土（图3.1.1）是在生长期内对表层土壤进行的浅层耕作。深度一般为6～10cm，大苗6～9cm，小苗2～3cm，过深伤根，过浅起不到中耕的作用。中耕时，尽量不要碰伤树皮，对生长在土壤表层的树木须根，则可适当截断。

图3.1.1　松土

相关理论知识

（1）中耕、松土的作用

中耕不但可以切断土壤表层的毛细管，减少土壤水分蒸发，防止土壤泛碱，改良土壤通气状况，促进土壤微生物活动，有利于难溶性养分的分解，提高土壤肥力；通过中耕能尽快恢复土壤的疏松度，改进通气和水分状态，使土壤水、气关系趋于协调；早春进行中耕，还能明显提高土壤温度，使树木的根系尽快开始生长，并及早进入吸收功能状态，以满足地上部分对水分、营养的需求。

中耕也是清除杂草的有效办法，减少杂草对水分、养分的竞争，使树木生长的地面环境更清洁美观，同时还阻止病虫害的滋生蔓延。

（2）中耕的时间与频率

中耕次数应根据当地的气候条件、树种特性以及杂草生长状况而定。一般每年土壤的中耕次数要达到 2 ～ 3 次。

中耕大多在生长季节进行，如以消除杂草为主要目的的中耕，中耕时间在杂草出苗期和结实期效果较好，这样能消灭大量杂草，减少除草次数。具体时间应选择在土壤不过于干、又不过于湿时，如天气晴朗或初晴之后进行，可以获得最大的保墒效果。

2. 深翻熟化

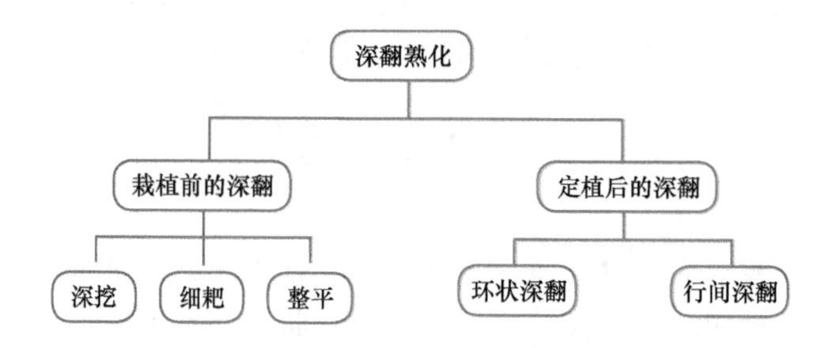

对还没有进行绿化的栽植场地，进行全面的深翻，打碎土块，填施有机肥，为树木后期生长奠定基础；对已完成绿化的地段，深翻时结合施肥，即在深翻的同时，把肥料翻入地下。土壤板结严重、地下水位较低的土壤以及深根性树种，深翻深度较深，可达50～70cm，相反，则可适当浅些（图3.1.2）。

（1）栽植前的深翻

针对所栽植的园林植物，根据其根系主要分布的深度，对土壤进行深层耕作，经过深挖、细耙、整平三道工序，使土壤适合园林植物的栽植与生长。

（2）定植后的深翻

已定植的园林植物，也应定期进行深翻，方式有环状深翻与行间深翻两种（图3.1.3）。树盘深翻是在树木树冠边缘，于地面的垂直投影线附近挖取环状深翻沟，有利于树木根系向外扩展；行间深翻则是在两排树木的行中间，沿列方向挖取长条形深翻沟，用一条深翻沟，达到了对两行树木同时深翻的目的，适用于呈行列布置的树木。此外，还有全面深翻、隔行深翻等形式，应根据具体情况灵活运用。

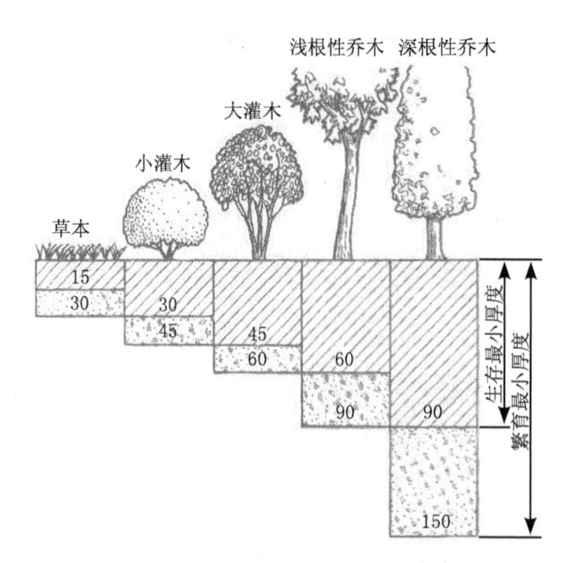

图3.1.2　不同植物根系的分布深度示意图

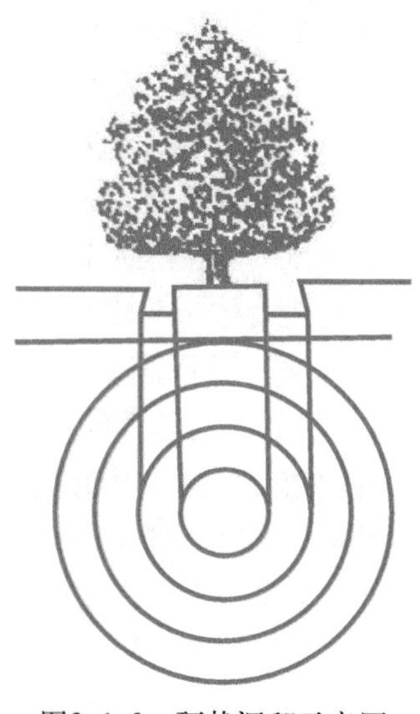

图3.1.3　环状深翻示意图

知识拓展

（1）深翻时期

总体上讲，深翻时期包括园林树木栽植前的深翻与栽植后的深翻。前者是在栽植树木前，配合园林地形改造，杂物清除等工作，对栽植场地进行全面或局部的深翻，并暴晒土壤，打碎土块，填施有机肥，为树木后期生长奠定基础；后者是在树木生长过程中的土壤深翻。就一般情况而言，深翻主要在以下两个时期：

秋末　此时，树木地上部分基本停止生长，养分开始回流，转入积累，同化产物的消耗减少，如结合施基肥，更有利于损伤根系的恢复生长，甚至还有可能刺激长出部分新根，对树木来年的生长十分有益；同时，秋耕可松土保墒，因为秋耕有利于雪水的下渗，一般秋耕比未秋耕的土壤含水量要高3%～7%；此外，秋耕后，经过大量灌水，使土壤下沉，根系与土壤进一步密接，有助根系生长。

早春　应在土壤解冻后及时进行。此时，树木地上部分尚处于休眠状态，根系则刚开始活动，生长较为缓慢，伤根后容易愈合和再生。从土壤养分季节变化规律看，春季土壤解冻后，土壤水分开始向上移动，土质疏松，操作省工，但土壤蒸发量大，易导致树木干旱缺水，因此，在多春旱，多风地区，春季翻耕后需及时灌水，或采取措施覆盖根系，耕后耙平、镇压，春翻深度也较秋耕为浅。

（2）深翻次数与深度

深翻次数　土壤深翻的效果能保持多年，因此，没有必要每年都进行深翻。但深翻作用持续时间的长短与土壤特性有关。一般情况下，黏土、涝洼地深翻后容易恢复紧实，因而保持年限较短，可每1～2年深翻耕一次；而地下水位低，排水良好，疏松透气的砂壤土，保持时间较长，则可每3～4年深翻耕一次。

深翻深度　理论上讲，深翻深度以稍深于园林树木主要根系垂直分布层为度，这样有利于引导根系向下生长，但具体的深翻深度与土壤结构、土质状况以及树种特性等有关。如山地土层薄，下部为半风化岩石，或土质黏重，浅层有砾石层和黏土夹层，地下水位较低的土壤以及深根性树种，深翻深度较深，可达50～70cm，相反，则可适当浅些。

3.1.3　培土

培土，是在园林树木生长过程中根据需要在树木生长地添加入部分土壤基质，以增加土层厚度，保护根系，补充营养，改良土壤结构（图3.1.4）。

3.1.4　土壤改良

1. 土壤物理性质改良

将土壤疏松剂按照一定体积比与土壤混合，拌匀后回填。

土壤疏松剂可大致分为有机、无机和高分子三种类型，它们的功能分别表现在：膨

图3.1.4　树木培土前、后效果对比图

特别提示

（1）培土的适用条件

在我国南方高温多雨的山地区域，常采取培土措施。在这些地方，降雨量大，强度高，土壤淋洗流失严重，土层变得十分浅薄，树木的根系大量裸露，树木既缺水又缺肥，生长势差，甚至可能导致树木整株倒伏或死亡，这时就需要及时进行培土。

（2）培土的注意事项

培土工作要经常进行，并根据土质确定培土基质类型。土质黏重的应培含沙质较多的疏松肥土，甚至河沙，含沙质较多的可培塘泥、河泥等较黏重的肥土以及腐殖土。培土量视植株的大小、土源、成本等条件而定，但一次培土不宜太厚，以免影响树木根系生长。

松土壤，提高置换容量，促进微生物活动；增多孔穴，协调保水与通气、透水性；使土壤粒子团粒化。

我国大量使用的疏松剂以有机类型为主，如泥炭、锯末粉、谷糠、腐叶土、腐殖土、家畜厩肥、蘑菇渣等(图3.1.5)，要注意腐熟，混合均匀。

图3.1.5　改良土壤使用的蘑菇渣

2. 土壤酸碱度调节

（1）土壤酸化

土壤酸化主要通过施用释酸物质进行调节，如施用有机肥料、生理酸性肥料、硫磺等，通过这些物质在土壤中的转化，产生酸性物质，降低土壤的pH。

对盆栽园林树木也可用1：50的硫酸铝钾或1：180的硫酸亚铁水溶液浇灌来酸化土壤。

（2）土壤碱化

土壤碱化的常用方法是向土壤中施加石灰、草木灰等碱性物质，使用时石灰石粉越细越好，一般用300～450目的石灰较适宜。

知识拓展

（1）土壤酸碱度对植物生长的影响

土壤的酸碱度主要影响土壤养分物质的转化与有效性，土壤微生物的活动和土壤的理化性质，因此，与园林树木的生长发育密切相关。通常情况下，当土壤pH过低时，土壤中活性铁、铝增多，磷酸根易与它们结合形成不溶性的沉淀，造成磷素养分的无效化，同时，由于土壤吸附性氢离子多，黏粒矿物易被分解，盐基离子大部分遭受淋失，不利于良好土壤结构的形成；相反，当土壤pH过高时，则发生明显的钙对磷酸的固定，使土粒分散，结构被破坏。

（2）有机肥对改良土壤的作用

一方面，有机肥所含营养元素全面，除含有各种大量元素外，还含有微量元素和多种生理活性物质，包括激素、维生素、氨基酸、葡萄糖、DNA、RNA、酶等，能有效地供给树木生长需要的营养；另一方面，有机肥还能增加土壤的腐殖质，其有机胶体又可改良沙土，增加土壤的空隙度，改良黏土的结构，提高土壤保水保肥能力，缓冲土壤的酸碱度，从而改善土壤的水、肥、气、热状况。

需要注意的是，有机肥均需经过腐熟发酵才可使用。

考证提示

1. 土壤的类型。
2. 土壤对植物生长的影响。

实践训练

土壤管理是园林绿地一项非常必要的管理措施。本案例节选自苏州市西环路高架下绿地养护项目（图3.1.6）。要求完成其土壤养护任务。

图3.1.6　苏州市西环路高架桥绿地

1. 准备工作

人员安排：每班组3～4人；

机具安排：锄头、铁锹、粗齿耙、细齿耙等。

2. 实施步骤

（1）松土（图3.1.7）、除草

1）将场地内的杂草铲除，清除的杂草集中堆放，统一处理。

2）翻松乔木与灌木树穴内的土壤，注意避免伤及树干和树根。

（2）切边

沿乔木和灌木的树穴修理草坪边，将长入树穴的草切掉，同时开浅沟，使灌、排水集中在沟内（图 3.1.8）。

图3.1.7　乔木与灌木树穴松土效果图
图左：广玉兰　图右：桂花

图3.1.8　草坪切边效果图

巩固训练

园林植物土壤的中耕通气。

标准与规程

上海市《园林绿化养护技术规程》（节选）

（DG/TJ08—19—2011）

13 土壤养护

13.1 土壤有机质和废弃物利用

13.1.1 土壤有机质含量应符合下列要求：

1. 各类绿地土壤有机质含量应符合现行上海市工程建设规范《园林绿化养护技术等级标准》的规定，含量低于 20g/kg, 必须增施有机肥。

2. 绿地中提倡种植固氮豆科植物。

13.1.2 废弃有机物利用应符合下列要求：

1. 充分利用经过腐熟垃圾堆肥、沤肥、人畜粪肥、河湖淤泥、生活污泥等废弃有机物。

2. 栽培介质宜用秸秆、种壳及果壳、有机食品废渣、植物有机废弃物等堆腐。

3. 经灭病虫处理的枯枝落叶宜覆盖绿地裸露土表或树坛，覆盖厚度应超过 10cm，离树干不得小于 15cm 。也可粉碎、堆腐用作土壤改良材料及有机堆肥原料。

13.3 土壤通气性

13.3.1 土壤容重大于 1.3，应降低土壤容重。

13.3.2 改良土壤紧实状措施应符合下列要求：

1. 土壤耕作：松土、翻土、打孔，冬天宜深翻。

2. 为降低容重，改良结构，宜用人工栽培介质（秸秆、种壳及果壳、有机食品废渣、植物有机废弃物、泥炭、珍珠岩等）。

3. 宜用风吹不扬尘的粗粒物如陶粒、树皮、石子等物料覆盖土壤表面，抗紧实。

4. 防止践踏。

5. 应增施有机肥料。

6. 宜采用通气透水的铺装。距离大树主干 2 ～ 3m 范围内，不应有不透气不透水的铺装。

7. 严禁加厚大树土层，树干根颈部不得埋在土内。

8. 植株填土过深，根系区域应排暗沟，并在树干 50cm 范围内铺设陶粒、浮石等透气材料。

13.4 土壤酸碱度调节

13.4.1 降低土壤 pH 方法应符合下列要求：

1. 宜用草炭、泥炭、木屑、松针等酸性有机介质。

2. 宜用硫铵、氯化铵、硫酸钾、氯化钾等生理酸性肥料和过磷酸钙等化学酸性肥料。

3. 每 $10m^2$ 加 0.5kg 的硫磺粉或 1.5kg 络合铁，黏重土壤，其用量宜增加三分之一。

13.4.2 灌溉水的酸化应符合下列要求：

1. 灌溉水中加入一定量的硫酸亚铁，明矾等酸性化学物质，使 pH 降至 7.0 以下。严禁用硫酸等强酸。

2. 新鲜的杂草或豆秸秆放水中沤制一个月，待发酵腐烂后成草质水，应兑水稀释后使用。

3. 饼肥 10 ～ 15kg，硫酸亚铁 2.5 ～ 3.0kg，水 200 ～ 250kg 共同放入大缸内，置阳光下曝晒发酵 20 ～ 30 天，成矾肥水，取其清液，兑水稀释施后用。

13.5 盐碱土改良方法

13.5.1 地面覆盖应符合以下要求：割青覆盖，宜用秸秆、薄膜覆盖，防止返盐。

13.5.2 增施有机肥，改良土壤结构，加速脱盐。

相关链接 ☞

http://jpkc.yzu.edu.cn/course2/ylsmzp/wlkj/cha0901.htm

http://www.njyl.com/article/s/581094-313724-0.htm

http://www.lvhua.com/chinese/info/A00000015052-1.html

习　题

如何检测土壤的酸碱度？

任务3.2　园林植物的施肥技术

【任务描述】 施肥是促进园林植物正常生长发育的有效手段。园林植物种类繁多，对养分的需求也千差万别，需要针对不同植物，采取合适的措施补充植物所需养分。

【任务目标】 技能目标：掌握园林植物施肥原理与肥料种类，掌握园林植物施肥方法。

知识目标：

1. 园林植物缺素症的诊断。
2. 园林植物的土壤施肥与根外施肥。

【材料及设备】

1. 待施肥管理的园林植物若干。
2. 锄头、铁锹、粗齿耙、细齿耙等。
3. 复合肥、已腐熟的有机肥若干。

【工作内容】

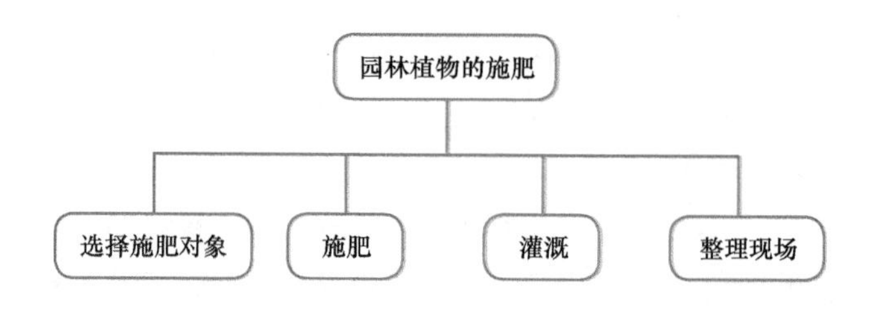

3.2.1　施肥对象的选择

园林植物种类繁多、习性各异，对养分的需求也各有不同。一般来说，观花观果灌木需肥多于一般园林植物，生长期的需肥量多于休眠期。生长发育表现正常的植物无需施肥，生长发育不良的植物连续2～3年施肥恢复正常后即可停止施肥。

3.2.2　合理施肥

对于有大片分布的植物，可用撒施的方法，如果是孤植大树，可沟状施肥，也可穴状施肥；对于行列式栽植整齐的片植树林，可以在行与行间挖沟施肥。

1. 环状施肥

在树冠外围稍远处挖一环状沟，沟宽30～50cm，深20～40cm，把肥料施入沟中，与土壤混合后覆盖。此法具有操作简便，经济用肥等优点，适于幼苗使用。但挖沟时易切断水平根，且施肥范围较小，易使根系上浮分布表土层（图3.2.1）。

2. 放射状沟施

在树冠下，距主干1m以外处，顺水平根生长方向放射状挖5～8条施肥沟，宽30～50cm，深20～40cm，将肥施入。为减少大根被切断，应内浅外深。可隔年或隔次更换位置，并逐年扩大施肥面积，以扩大根系吸收范围（图3.2.2）。

3. 穴状施肥

在树冠外围滴水线外，每隔50cm左右环状挖穴3～5个，直径30cm左右，深20～30cm。此法可减少与土壤接触面，免于土壤固定（图.3.2.3）。

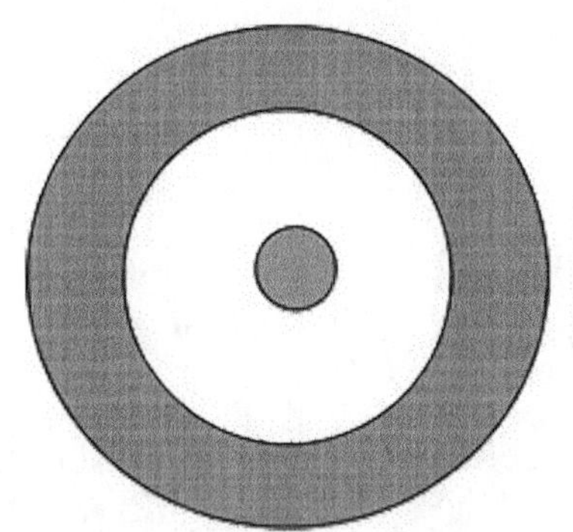

图3.2.1　环状施肥示意图

图3.2.2　放射状施肥示意图

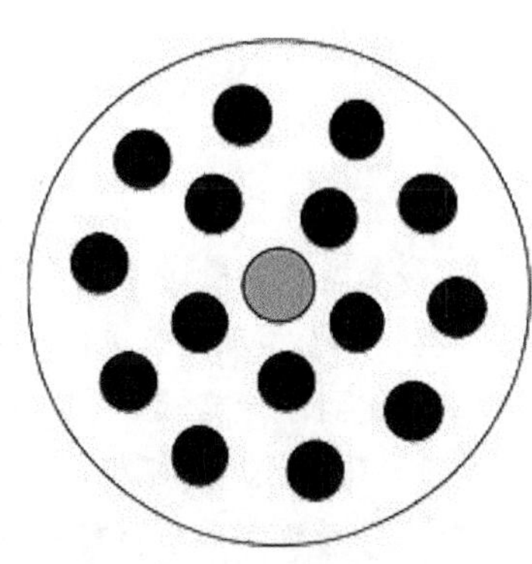

图3.2.3　穴状施肥示意图

4. 全面施肥

将肥料均匀地撒布于园林植物生长的地面，然后再翻入土中。这种施肥的优点是，方法简单，操作方便，肥效均匀，但因施入较浅，养分流失严重，用肥量大，并诱导根系上浮，降低根系抗性，此法若与其他方法交替使用，则可取长补短，发挥肥料的更大功效。

3.2.3 灌溉

在土壤水分不足的情况下，追肥过后应立即灌溉，否则会加重旱情，严重的会烧苗导致死亡。

3.2.4 整理现场

施肥完成后，把现场清理干净，挖过土的地方压实，整修平整。

考证提示

1. 施肥的时期和方法。
2. 如何进行平衡施肥。

实践训练

施肥是园林绿地一项非常必要的管理措施。本案例节选自某绿地养护项目。要求完成其土壤养护任务。

1. 准备工作

人员安排：每班组3～4人。

机具安排：锄头、铁锹、粗齿耙、细齿耙、旋转式施肥机、水车等。

2. 实施步骤

（1）草坪施肥

冷季型草的最佳生长温度为15.5～26.5℃之间。在北方气候条件下一般即春秋季为生长旺盛期，而盛夏则生长缓慢。暖季型草则在温度高于26.5℃时长势最好，宜在生长旺盛期施肥。

为达到最佳施肥效果，务必注意以下几点：

1）购买优质施肥机，熟悉施肥机的功能，在使用施肥机后应进行清洗，打开施肥机前应首先开始移步，止步前先关闭施肥机。

2）在草坪长势良好时施肥。

3）按化肥标签上的要求对施肥机进行设置。

4）所有草坪要全施到，不要遗漏。

5）使用旋转式施肥机时避免使用大颗粒的肥料产品。

6）施肥后立即浇水可以提高肥效，最好在下雨前施肥。

（2）花境施肥

2～3月份重剪以后撒施基肥为主，每平方米施用0.5～1kg，以后根据生长情况用复合肥进行追肥，结合雨天撒施每平方米施用0.5～1kg，晴天施肥时应保证淋足水，施肥方法以撒施为主。

（3）绿篱施肥

每月追肥1次，结合雨天进行，每年根据其长势和覆盖率情况适当施基肥1～2次，基肥0.5～1kg/m^2，复合肥0.1～0.15kg/m^2，施肥方式以撒肥为主。

（4）乔木施肥

1)乔木在12月至翌年2月内可施有机肥一次;在3～11月生长期,每两个月追肥一次。

2）施用的肥料种类应视树种、生长期及观赏等不同要求而定，栽植早期欲扩大冠幅，宜施氮肥。

3）乔木施肥时采用穴施或环施法，施肥结合中耕同时进行。

4）施肥宜在晴天，施完后马上浇水以溶解肥料。

（5）观花观果灌木施肥

1）入冬前，沟施一次有机肥作为基肥。

2）观赏期前后每隔15～20天追肥一次。

特别提示

1. 花期追肥应在花前、花后及坐果期进行，现蕾期应避免追肥，以免落花。

2. 杜鹃、山茶、栀子等植物忌碱性肥料，宜施硝酸钾、过磷酸钙、硫酸铵等酸性肥料。

3. 营养生长期施肥偏重氮、钾肥，生殖生长期应偏重磷肥。

4. 一年开花一次的菊花、一串红、山茶、杜鹃等，追施2～3次的磷肥能减少落花并使花较大。

5. 一年多次开花的月季、茉莉、四季秋海棠、米兰等植物，应充分供给完全肥料，能使花色艳丽，延长花期。

6. 观叶类的罗汉松、竹柏、苏铁等植物，追施氮肥，促使叶色翠绿。

7. 观果灌木应在开花期适当控制废水，坐果期施以充足的完全肥料，促进果实形成。

8. 球根花卉应多施钾肥，以利球根充实。

巩固训练

园林植物周年土壤肥料管理。

标准与规程

上海市《园林绿化养护技术规程》（节选）

（DG/TJ 08－19－2011）

13 土壤养护

13.6 施肥

13.6.1 施肥量应符合下列要求：

1. 应当根据不同植物的需肥情况确定施肥量，符合表 13.6.1 要求。

表13.6.1　不同花卉的施肥用量与追肥浓度　（单位：EC值）

植物的耐盐性		盐分等级	需肥情况
敏感	中等		
<0.37	<0.5	低	必须施肥
0.37～0.75	0.5～1.0	低～中	施肥到0.75或1.0
0.75～1.30	1.0～1.75	中～高	适宜范围不需施肥
1.30～2.0	1.75～2.75	高～非常高	不能施肥，并有必要对盐分淋洗

2. 遵循“薄肥勤施”的原则，严禁施浓肥和过量施肥，采取在适量基肥的基础上用稀溶液 (0.1% ～ 0.4%) 分数次使用，宜和灌水结合，事先配成浓溶液，施用时以 100 倍或 200 倍稀释浇灌。

3. 测定土壤电导率 EC 值，了解需肥情况。

4. 电导值 EC 和花卉施肥：土水比为 1 ：2。

13.6.2 因土施肥应符合下列要求：

1. 砂质土应少量多次。

2. 黏质土应重基肥轻追肥。

3. 壤质土应基肥追肥并重。

4. 石灰性土壤不得施用骨粉、磷矿粉等难溶性磷肥，应施用过磷酸钙、重过磷酸钙等水溶性磷肥。

5. 盐碱土宜用硫铵、硫酸钾，不宜用氯化铵、氯化钾。

13.6.3 因植物种类施肥应符合下列要求：

1. 杜鹃、茶花、栀子、五针松南方喜酸性花木宜用硫铵、硫酸钾生理酸性肥料。

2. 果树、茶、云杉、桂花、球根花卉忌氯植物，不宜施用氯化铵、氯化钾。

3. 观赏凤梨严禁施硼肥，以观叶为主的花卉偏施氮肥，球根花卉偏施钾肥。

4. 不同种类园林植物基肥用量（复合肥）和追肥施用浓度应按照表13.6.3规定。

表13.6.3　不同花卉的施肥用量与追肥浓度

类别	植物	用量	
		基肥/kg/m^3	追肥浓度/%
少肥植物	铁线蕨、欧石楠、报春属、栀子属、山茶属、秋海棠属、马鞭草属、翠菊属、山月桂、风铃草、龙胆、万年青、石榴、凤梨、石斛、卡特兰、杜鹃等	0.5～1.0	<0.1
中肥植物	花叶兰、小苍兰、非洲菊、仙客来、蓬莱蕉、虎尾兰属、八仙花、万寿菊、百日草、牵牛花、牡丹、梅、郁金香、三色堇、吊钟海棠、君子兰、印度橡皮树等	1.5	<0.2
多肥植物	天竺葵、非洲紫苣苔、菊花、香石竹、一品红、绣球花、毛茛	3	<0.3

13.6.4 因植物生长状态施肥应符合下列要求

1. 黄瘦植株（非因根系腐烂所引起）多施肥，孕蕾期、花后应多施肥。

2. 健壮植株、植物发芽时、徒长植物应少施肥，植物休眠期不得施肥。

3. 观大型花的花卉，如菊花、大丽菊在开花期应施适量的完全肥料。

4. 观果类花卉在开花期应控制肥水，壮果期应施充足的完全肥料。

5. 香气浓的花卉进入开花期应补充磷、钾肥。

13.6.5 因季节施肥应符合下列要求：

1. 春秋季植物生长旺盛，应多施肥。

2. 夏季气温高，水分蒸腾量大，宜薄肥随水施。

3. 冬季温度低，植物生长停滞，不宜施速效性化肥。

4. 雨季应少施肥。

13.6.6 因肥施肥应符合下列要求：

1. 氮肥、钾肥应施入10cm以下土层中。

2. 过磷酸钙、磷酸铵应集中施用到近植物根部。

3. 尿素做追肥时，应避免施用后浇大水或降大雨前施用。

4. 铵态氮肥不得与碱性肥料混合，微量元素肥料不得与水溶性磷肥混合。

5. 尿素、氯化铵对种子有毒害作用不得做种肥。

13.6.7 施肥位置应符合下列要求：

1. 施基肥时必须与土壤混匀，不得将肥料直接放在根系上。

2. 肥料必须施在距树冠外缘投影2/3的树木吸收根处。在距树干30cm范围内，不得施用干化肥。

3. 除根外施肥，肥料不得施于花、叶，施肥后应立即用清水喷洒枝叶。

13.6.8 安全、卫生施肥应符合下列要求：

1. 花坛、草坪不得施用人粪尿或未经腐熟堆制的家畜家禽粪尿。

2. 不得将重金属超标或其他有毒物质超标的废弃物当肥料施用。

13.6.9 根外追肥应符合下列要求：

1. 根外追肥是一项辅助措施，下述情况下宜根外追肥。

1）基肥不足，植物出现脱肥现象。

2）为促进越冬草坪提早返青分蘖，提高草坪质量。

3）植物根系损伤，如大树移栽后，根系生长弱，吸收能力差。

4）高度密植花木，不便于开沟追肥。

5）需要及时矫治某种营养缺乏症。

2. 应选择适宜浓度追肥，符合表13.6.9要求。生育期短的植物一年宜喷1～2次，生育期长的植物一年宜喷2～3次。

3. 根外追肥宜喷施在叶、花、果上，要求均匀，尤其是嫩叶、顶部叶片、叶正面、背面都要喷到，一般应在下午4时后，无风的情况下进行。

4. 根外施肥肥液应澄清，不得有沉淀。

表13.6.9　用于根外追肥化肥及使用浓度　　（单位：%）

名　称	使用浓度	名　称	使用浓度
尿素	0.3～0.5	硫酸亚铁	0.2
硝酸铵	0.2～0.3	硫酸锌	0.2
硫酸铵	0.3	硫酸铜	0.01～0.02
过磷酸钙	1～3	硼酸	0.1～0.2
磷酸二氢钾	0.3～0.5	硼砂	0.1～0.2
硫酸钾	0.5～1.0	钼酸铵	0.05～0.1
硝酸钾	0.5～1.0	柠檬酸铁	0.05～0.1
氯化钾	0.3～0.5	硫酸锰	0.2
硫酸镁	0.2		

相关链接 ☞

http://jpkc.yzu.edu.cn/course2/ylsmzp/wlkj/cha0601.htm

http://www.njyl.com/article/s/581094-313730-0.htm

http://www.lvhua.com/chinese/info/A00000015052-1.html

http://www.cctr.net.cn/

习　　题

如何对园林植物进行肥料的选择，并进行合理施肥？

任务3.3 园林植物的灌溉技术

【任务描述】 为了保证园林树木生长快速和健康生长，满足树木生长对于水分的需求，增强植物的抗性和适应能力，需要及时根据树木生长对于水分的需求，及时进行灌溉。根据树木生长地区气候特点、树木种类、生长阶段和土壤条件等，测算需求量并根据灌溉对象特征采取适当方法进行灌溉，满足树木对于水分的生理需求和物质合成，增强适应力。

【任务目标】

1. 能根据树木生长所在地的气候条件、季节特点，分析树木对于水分的适应性；以及树木本身对于水分的需求和土壤含水量，正确计算树木对于水分的需求量。
2. 能根据具体树木种类、环境状况和天气特点，确定灌溉特点和用水要求。
3. 以园林绿地中具体树木类别、不同区域种植树木植被结构为对象，根据树木生长对于水分的需求规律，正确分析树木生长的阶段性特征和土壤条件，选择适宜的灌溉方法。
4. 根据具体园林树木生长，绿地生长与恢复的实际需求，确定灌溉的基本要求和相应方法。
5. 能独立分析树木对于水分的需求特点，包括阶段、季节和生长具体过程中对于水分的需求，选择适宜方法完成对应的灌溉。

【材料及设备】 准备工作是：要求有灌溉的设备、设施，灌溉设施齐全，必要的动力设备，电源动力，人力组织，灌溉管道的准备，灌溉水源准备，水质的要求必须达到灌溉的标准。灌溉设备要求数量、质量、性能符合要求，灌溉机械的设备必须满足具体树木生长的需要。

灌溉需要有一定技术设备储备，必要的水源供给，良好的机械维护能力，在灌溉系统布局上需要有一定的完整性，设备的功能需要注意充分发挥。主要灌溉设备需要结合具体任务实施条件选择适当的设备和设施，安装调试合格后方可开始应用。

灌溉设施选择，灌溉基本配套材料，地上部分的灌溉装置，地下部分的灌溉装置，灌溉的附属设备。动力装置、输送设备、出水设备、灌溉水源、灌溉流量监测装置。

【安全要求】

1. 使用之前对于灌溉设施的检查和调试。
2. 灌溉设备运行的用电检查和短路接地保险安设。
3. 灌溉装置各个配件和连接部件的配套性，气密性等。
4. 地下埋设输水管道的氧化、抗腐蚀性能等。
5. 灌溉的用水质量和安全问题，避免污水灌溉和盐水灌溉等问题的出现。

【工作内容】 灌溉形式和方法多样，需要根据具体园林树木和绿地数量、分布、生长状态选

择适宜种类，其目的是提高灌溉效率。常见灌溉对象涉及需要单一树木的灌溉，树木群体灌溉，大型花坛灌溉，草坪和地被植物区的灌溉。根据灌溉对象和树木生长阶段特征，用水规律和灌溉效益等，选用合适的灌溉方法，包括沟灌、漫灌、穴灌、喷灌、滴灌、叶面喷洒和特殊树木的树干注射等。能结合树木特点、生长规律、土质条件和当地气候特点完成相应的灌溉工作，包括灌溉方法的选择、灌溉时期的确定、用水量的计算，以及灌水频率和间隔期确定等。

该任务灌溉的工作内容如下，选定特定的树木和绿地植物带，明确灌溉对象或者范围，要求灌溉计量准确，方法选择得当，能较好体现对应性和科学性。明确灌溉的时期，灌溉的方法，灌溉的水量、灌溉次数和间隔期，要求根据具体栽植地点树木生长状况，树木对于栽植环境的生理反应特征，明确树木栽植后不同时期的需求水分数量，以及遇到特殊干旱天气时灌溉的技术要求。

能组织人员动用灌溉设备完成灌溉设备、设施的布置，计算单株或林分、一定面积绿地的灌溉水量，能采用恰当的灌溉方法如沟灌、穴灌、喷灌、滴灌或大田漫灌等方式完成对应的灌溉，保证用水量适宜，灌溉程度到位以满足树木、绿地植物对于水分的需求。

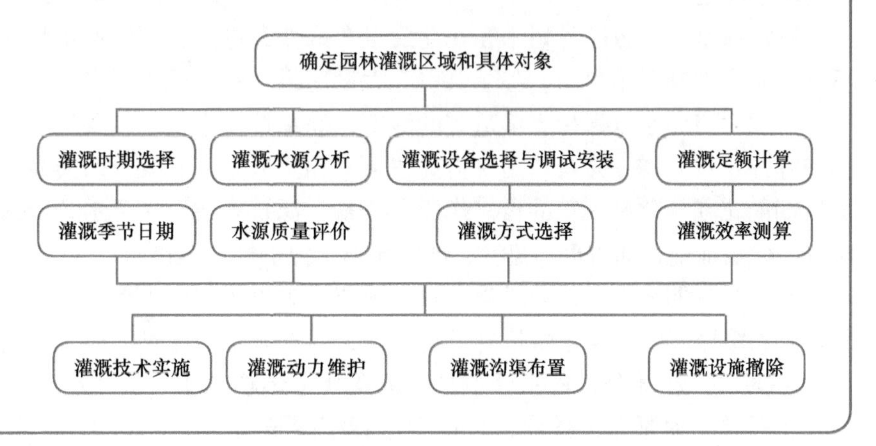

3.3.1 灌溉时期的选择

灌溉时期主要根据植物各个物候期需水特点、当地气候、降水状况、土壤内水分变化的规律以及树木栽植的时间长短而定。从一年时间尺度而言，主要集中在夏季、晚秋和早春开花前期，而从树木生命周期看来，青年期、壮年期的灌溉次数和灌溉用水量则显然多于幼年期、衰老期，灌溉时期受当地天气状况尤其是降水分配、土壤水分状况影响明显，需要灵活决定适宜的灌溉时期。

灌溉时期必须根据植物种类、种植方式、生长阶段、土壤和气候条件等，选择适宜的灌溉时期。不同植物需要水分的数量是不同的，即使是相同植物在生长过程中由于所处不同阶段、土壤条件、密度状况、管理方式的差异等，造成了水资源利用效率的差异，因而，在灌溉时期的选择方面存在差异，主要从植物生长的季节考虑，同时从植物生长的发育阶段对于水分的不同需求。不同的灌溉时期、灌溉量对于园林植物的生长量和品质改善均具有深刻影响。

根据以往调查情况，以及相关理论，认为园林植物的灌溉大致上分为休眠期灌水、生长期灌水等。上述两种灌溉时期具有各自特点和要求,需要结合树木种类当地气候灵活决定。

休眠期灌水　在秋冬和早春进行，对于降水较少的，冬春严寒干旱的地区比较重要，灌溉冻水（11 月底至翌年 2 月）在北方园林植物灌溉中十分重要，水在冬季结冰，放出潜热可以提高树木的越冬能力，并可以防止早春干旱。对于边缘树种、越冬困难的树种、以及幼年树木等，浇灌冻水尤其重要。早春灌水，不但有利于新梢和叶片的生长，而且有利于开花与坐果，早春灌水是促使树木健壮生长、花繁果茂的一个关键。

生长期灌水　分为花前灌水、花后灌水、花芽分化期灌水等三个关键时段。花前灌水，针对北方一些地区容易出现早春干旱和风多雨少的现象，通过灌水补足土壤水分的不足，是解决树木萌芽、开花、新梢生长和提高座果率的有效措施。同时还可以防止倒春寒、晚霜的危害。土壤遭受盐碱化的地区，在早春灌水后进行中耕，还可以起到压碱洗盐的作用。花前灌水可以在树木萌芽后追肥之前进行，具体时间需要根据具体树种、地区和土壤墒情决定。

花后灌水。多数园林树木在花谢后半个月左右进入新梢迅速生长期，此时，如果水分不足，则会抑制新梢生长，甚至会引起大量落果。春天风大干燥，地面蒸发量大的北方地区，必须适当灌水以保持土壤适宜的湿度，满足植物生长的需要。花后灌水还可以促进新梢和叶片生长，增强光合作用，提高座果率和增大果实，改善果实品质的作用，同时，对于后期的花芽分化有一定的良好作用，灌溉水源缺乏或天然降水较少的地区，也应想法设法做好保墒措施，如盖草、覆沙、铺设地膜等保护性栽培措施。

花芽分化期灌水。该阶段灌水对于观花、观果树木至关重要，由于园林树木一般是在新梢生长缓慢、或者停止生长时，花芽开始形态分化，此时，也是果实迅速生长期，都需要较多的水分和养分，若水分不足，则会严重影响果实发育和花芽分化。因此，在新梢停止生长前适时适量的灌水，可以促进春梢生长而抑制秋梢生长，有利于花芽分化及果实发育。

在北京的一般年份，园林树木全年安排 6 次灌溉，其时间约定为 3、4、5、6、9、11 月份，11 月是灌冻水，杭州的一般年份全年安排 8 次灌溉，其时间约定为 3、4、5、6、7、8、9、11 月份，7、8 月是干旱高温季节，需要特别关注。针对干旱年份、土质不良、缺乏水源供给，应适当增加灌溉次数，在西北内陆干旱、半干旱区适当增加灌溉次数。

叶片水势、叶温差、土壤相对含水量、凋萎系数可以作为园林植物水分是否亏缺的指标，以便确定适宜的灌溉时期。无论是园林树木、花卉、草被等植物，其灌溉的时期应根据不同植物的需水规律和生态环境（气候、土壤水分、质地）等确定，尤其是生育时期用水特点，在花芽分化、开花期、结果期往往需水量较多，应及时灌足水分。其他时期可以适当控制灌溉水量包括次数、水分用量。苗木、刚栽下小苗、草花等由于根系尚未完全恢复，所以需要及时进行小水灌溉，不可大灌，以免影响根系生长。

3.3.2　灌溉水源分析

可用于灌溉的地表水、地下水和经过处理并达到利用标准的污水的总称。天然水资源中可用于灌溉的天然水资源有地表水、地下水两种。地表水包括河川径流、湖泊和汇流过程中拦蓄的地表径流,地下水有浅层地下水和深层地下水。城市污水和灌溉回归水用于灌溉,是水资源的重复利用途径，城市污水需要经过净化处理方可以进行灌溉，海水或高矿化度的地下水经过淡化也可用于灌溉，但因费用昂贵，尚不多见。

十多年来，为了缓解水资源紧缺并实现城市污水的再生利用，城市用水量大，污水排放量也大，直接排放造成环境生态的破坏，经初步处理、过滤、净化的城市污水可以用于园林苗圃、城市片林、行道树、绿篱等绿化带的日常灌溉。

要分析灌溉水源的分布位置，调查水源环境，水质量的调查至关重要，要保证灌溉水源的污染指标不能超标，水中矿质营养元素含量、酸碱度和盐分等含量不能超标。灌溉时要保证灌溉水源供给的畅通，同时，要保证水源质量，不能影响植物生长。对于水源的质量要定期检查，不能出现水的异味等，有条件的地方要进行贮水池蓄水，保证用水供应，尤其在干旱季节的用水。

水源的季节贮水状况，水的质量变化，在经过调查的基础上，编制园林树木灌溉用水计划和改造计划，对于水源的保护性工作也是重要的，需要及时做好监测。

3.3.3　灌溉设备选择与调试安装

灌溉设备要求满足灌溉条件的要求，分析灌溉设施条件时，需要灌溉设备的齐全，对应性，要求灌溉设备种类、数量满足灌溉需要，设备要求体现安全、质量可靠，运行稳定。在经过实地调研的基础上，完成灌溉设备的选择和质量的监测。灌溉设备主要从动力泵站、过滤网、金属管道、橡皮软管、不同规格喷头、连接构件、水枪、水管、螺栓、阀门，地上明管、地下暗管等，设备的规格要求符合灌溉用水的需要，灌溉设备要求有质量保证、数量满足灌溉用水的需要，根据不同园林植物需水规律，栽植地的土质和水分条件，完成对应灌溉设备的选择。

在连接安装完成灌溉设备之后，需要对各个部分的连接情况、包括气密性、渗漏性、稳固性等进行检查，对于发现有质量问题及时进行修正，加固。对于动力装置的安全状态、电力设备和电线布设，防止漏电装置的检查，水管的布置深浅、软管的长度，管道的出水状态等进行现场测试，要求出水速度稳定、设备各个部分连接稳固、用电处于安全状态。如发现有质量问题，及时进行维护修理，甚至更换装配件，使得灌溉设备的使用状态一直处于完好状态，保证灌溉的效率和灌溉质量。

3.3.4　灌溉定额计算

根据特定地段、以及季节气候特征、土壤含水量等，根据植物生长所处的阶段和需水特性，计算合理的灌溉定额。

灌溉定额分为毛灌溉定额和净灌溉定额两种，净灌溉定额是依据植物需水量、有效降水量、地下水利用量确定的，是满足植物对补充土壤水分要求的科学依据，显而易见，它注重的是灌溉的科学性，不考虑灌溉的合理性和先进性。

毛灌溉定额是以净灌溉定额为基础，考虑输水损失和田间灌水损失后，折算到渠首的单位面积灌溉需水量，该指标考虑了灌溉用水在输送、分配过程中发生的损失。在具体灌溉实践过程中，需要根据植物种类、品种习性、耐水肥能力，以及对于干旱的适应性等，确定灌溉定额，在计算灌溉定额时，需要根据植物器官现有水分含量，以及生理生态对于水分的响应，考虑土壤自然含水率，同时需要考虑具体渠道给出的渠系水利用系数。

灌溉定额具有特定的树种针对性，并且往往在实际中很少考虑单个树木的灌溉定额，很有可能考虑一定面积和树种分布区域内的树木片林灌溉，也就是说从单株树木扩展延伸至丛植、群植甚至是片林、林分等不同空间分布范围内的树木灌溉定额考虑，这就需要从树木株树、生长平衡状态、土壤含水量高低，季节因素等综合考虑，不可按照一个计算模式确定灌溉定额，需要结合树种生长阶段、土质条件，土壤含水量和树木密度、分布状况等灵活确定。

知识拓展：园林植物灌溉

1. 园林树木灌溉的生理生态作用与树木反应

有收无收在水，多收少收在肥，水是收获的基础，水分是植物的主要成分，植物大约95%的鲜重是水分。水分是植物光合作用的物质基础，水也是形成淀粉、蛋白质和脂肪等重要物质的成分。因此它是植物生长和发育不可缺少的重要条件。

要做到科学灌溉需要把握的基本原则和技术：水虽是树木、苗木不可缺少的重要物质，但也不是越多越好。土壤水分过多使苗木的根系长期处在过湿的环境中，造成土壤通气不良，含氧量降低，妨碍其根系生长，常造成苗木和树木生长不良或致死。此外，过量的灌溉，不仅不利于苗木生长而且浪费水，还会引起土壤盐渍化。合理的灌溉原则是：

第一，根据树种的生物学特性灌溉。有的树种需水较少，有的树种需水较多，如落叶松、油松、赤松、黑松、马尾松、杨树、桉树等，总体而言，针叶树对于水分要求比许多阔叶树种要少，一些针叶树种往往比阔叶、落叶树种耐旱，需水量相对少。喜水湿的树种如柳树、杨树、水松、水杉、柳杉、水松、落羽杉等比沙生干旱植物散柳、黄连木、阿月浑子、沙棘、枸杞等需水量大。在生长过程中灌水次数和灌水量前者都多于后者。

第二，根据树种的不同时期进行灌溉，初期移栽或刚刚栽植不久的园林树木，为了保证成活，需要连续灌溉3次水。第一年内灌水次数要多，灌溉水量要大。定值2年后的较大苗木可以逐渐减少灌水次数和灌水量，为了节约用水，有的苗圃对即将出圃的苗木（大苗）几乎都不进行灌溉，定植多年的的树木在成长成活之后也很少进行灌溉，除非在旱季进行灌溉以满足植物生长的需要。

第三，每次灌溉水湿润土层的深度应达到主要根系吸收分布深度。大水漫灌，许多水渗入到土壤深层，往往造成水的浪费。

第四，根据土壤的保水能力强弱进行灌溉，对于保水能力较好的土壤灌溉间隔期可以较长，灌水量可以适当减少。对于保水能力差的砂土、砂壤土灌水间隔期要短，最好是采用喷灌或滴灌，在干旱区、半干旱区尤为重要，并且控制每次的灌水量，以节约用水。

第五，根据气候特点灌溉，在气候干旱或干燥的地区灌溉的次数多，间隔期短。在降水量较大的南方灌溉的次数少间隔期长。

第六：土壤追施肥料后要立即进行灌溉，而且必须灌透。

灌溉时应注意的问题是，每次灌溉宜在早晨或傍晚时进行，因为此时树木蒸发量较小，而且水温与地温差异较小。不要在气温最高的中午进行地面灌溉。因为突然降温会影响根的生理活动。不要用含有有害盐类的水灌溉。灌溉的水温如果过低使土温下降，不利于苗木根系和地上部的生长。在北方如果用井水或河水灌溉，应尽量准备蓄水池加温以提高水温。

灌溉时期：需要结合树木对于水分的实际需要，在植物需水最为敏感和利用效率最高的时期进行灌溉，最大限度满足其生理和合成需要。通常需要把握以下两个关键时期，休眠期灌水和生长期灌水。生长期灌水又分为以下 5 种时期：花前灌水、花后灌水、花芽分化期灌水、抽枝展叶期灌水、坐果期灌水。上述 5 个时期是植物生长的敏感时期，也是代谢旺盛，合成作用较大的时期，需要及时灌溉以满足对水分的需求。

灌溉水量：灌水量同样受多方面的因素影响：不同树种、品种、砧木、植物种群数量以及土质、气候条件，植株大小、生长阶段，生长状况等，都与灌水量有关。灌水时要求灌足，切忌表土打湿而底土仍干燥。一般已经达到开花年龄的乔木，浇水应达到渗透至植物根系分布范围的 80 ～ 100 cm。适宜的灌水量一般以达到土壤持水量 60 % ～ 80% 为宜。根据不同土壤的持水量、灌溉前的土壤湿度、土壤容重、要求浸湿的深度，可以计算出一定面积的灌水量：灌水量＝灌溉面积 × 土壤浸湿深度 × 土壤容重 ×（田间持水量－灌溉前土壤湿度）。灌溉前的土壤湿度，每次灌水前均需要实际测定，土壤浸湿深度、土壤容重、田间持水量等可以 2 ～ 3 年测定一次。植物根系分布范围内的土壤湿度达到田间最大持水量的 70% 左右。灌溉要求土壤湿度适中，田间持水量适宜，要求含水量在凋萎系数以上。

2. 园林树木的灌溉方法和基本特征

根据种植地平坦程度和树种密度，树种根系分布范围和对于水分需求的实际状况，本着节约用水、减少损失和提高灌水利用率的基本原则，通常有以下 3 种灌溉方法：

侧方灌溉：一般应用于高床或高垄，水从侧方渗入床或垄中。其优点是水分由侧方进入到土壤中，床面或垄面不易板结，灌水后土壤仍有良好的通气性能，但耗水量较大。

畦灌：畦灌又叫漫灌。它是低床育苗和大田育苗中最常用灌溉方法。畦灌的缺点是水渠占地较多，灌溉时破坏土壤结构，造成团聚体结构变劣，易使土壤板结，灌溉效率低，需用工多，耗水量大而且不容易控制灌水量，浪费水多，在地势平坦的地区使用该方法较好。

单株灌溉，沟灌，喷灌，滴灌，渗灌：上述 5 种灌溉方法需要结合具体树种分布和生长状况，以及种植方式决定。

栽植地排水：园林树木栽植地或圃地如果有积水，不但在雨季而且在连续降水的天气条件下，也往往容易造成涝灾或引起病虫害，特别是根系腐烂。为了防止这些灾害的发生，必须及时排出栽植地、圃地的积水。核果类苗木往往在积水中1～2天即全部死亡，因此排水要特别及时。北方雨季降水量大而集中，特别容易造成短时期水涝灾害，南方在雨季4～7月份需要及时跟踪降水情况，因此在雨季到来之前应将排水系统疏通，将栽植地、苗圃各育苗区的排水口打开，做到大雨过后地表不存水，使得土壤含水量处在一个适宜范围。

3. 目前园林植物、绿地灌溉的种类、特点和效益

目前城市园林植物的灌溉效益较低，使得本来紧张的城市供水显得更加困难，为了达到节省灌溉用水目的，促进园林植物用水效率的提高，需要在灌溉方式、种类和设备创新方面作出改革。要根据园林树木分布、生长特点，分析植物需水特点，运用先进的灌溉设备，改善灌水技术，以切实提高水资源利用效率。

灌溉不仅讲究适时，而且要讲究方法。合适的方法能大大提高灌溉效益，达到节水和促进植物生长的目的。在园林树木灌溉中，传统上采用人工灌溉，费工费时，耗水多，有时达不到灌溉效果，灌溉效益较差，树木水分利用率较低。近年来，随着科技手段的改进，机械化灌溉水平的提高，一批设施先进的设备也应用到灌溉过程中。机械化、自动化灌溉，减轻了劳动强度，提高了灌溉效益，节约了有限的水资源，所以灌溉方式的变化、灌溉形式的变革是实现园林树木管理现代化的重要组成部分。根据城市绿地中园林树木配置、生长地点分布、地形地势以及和树木种植规模等状况，园林植物灌溉的种类可以分为以下6种：它们分别是穴灌、漫灌、喷灌、滴灌、围堰灌溉、侧方灌溉（沟灌）。其特点和作用分别如下：

穴灌　在树冠投影的外围挖穴，穴径30～35cm，一般数量8～12个，四周分布均匀，将水灌满穴，让水慢慢渗透到整个根区。也有条件较好的地方，在离干基的一定距离上，垂直埋设数个直径10～15cm，长80～100cm的永久性灌水管，可以在栽树时埋入，对于已经栽植树木也可以挖穴埋入，滴水管可以用瓦管、羊毛芯管、PVC管，管壁上布满透水的小孔，最好再埋设环管与竖管相连。滴水管埋好后，内装卵石或炭末等沥水性好的填充物，灌溉时从竖管上口滴水，灌足后将顶盖关上。这种方法适合在平地给大树灌溉，特别是在有硬质铺装的街道和广场等地。

漫灌　在园林树木成片栽植的缓坡林地，或苗床较为平缓的苗圃地，可以在上坡放水，或机井抽水灌溉，让水漫过整个坡面或苗床。漫灌方法简便，但是费水较多，灌水不均匀，上坡多，下坡少，水难以渗透到下层土壤，有时效果不尽理想。

喷灌　用输水管道和喷头模拟人工降雨，用水枪或水管对准树冠喷水也属于喷灌。人工降雨是自动化灌溉中比较先进的一种，喷灌的显著优点是节水效果明显，约能节水20%，在沙性土壤上节水更多。滴灌由于水的动能较小，滴水落入土壤上较少对于土壤侵蚀产生量少，基本上不破坏土壤结构；并且灌溉之后能在树木周围、树木上方产生较

高的空气湿润度，能调节林地小气候，减轻高温、干热风对于树木的伤害；有利于实现灌溉全过程的自动化控制，减轻劳动强度，该灌溉方式灵活性强，能适应各种地形。然而，为了顺利完成滴灌，需要安装管道、喷头和自动控制设备，成本较高，在黏性土壤上，容易导致表层土壤板结，容易受风的影响，风大往往造成喷水不均匀，另外树体高大时，对于树冠的喷水难度较大。

滴灌　利用滴头将压力水以水滴状或连续细流状湿润土壤进行灌溉的方法，是自动化灌溉中效果最好的灌溉方法之一。从节约用水和提高劳动生产率来讲，是最有前途的灌溉方法。它最大的特点是水流均匀并且缓慢，出水过程湿润土壤后能满足树木对于水分的消耗，使土壤始终保持稳定的土壤含水量。滴灌仅湿润根区和表层土壤，而且是缓慢渗透，因而很少造成土壤径流和结构破坏，有利于根系充分吸收水分；已有试验证明，滴灌是最节水的灌溉方法之一，不会造成水的浪费。但是，为了实施滴灌需要较多的管材和设备，成本较高，况且管道和滴头容易堵塞。

近年来，节水灌溉技术得到改进，设施更加完善，技术配件趋于多样化，涌现出雾灌、渗灌、微喷灌等许多先进的灌溉方法，这些方法是在喷灌和滴灌的基础上进行改进发展而来的，其共同的特点是更加节水，效率更高，代表了现代灌溉技术发展的方向，设备种类较多，操作更加规范。

围堰灌溉　该种灌溉方式又叫盘灌，以树干为中心，沿树冠投影的外围筑埂围堰，埂高 15 ～ 30cm。先在围堰内松土，以利于水分渗透，结构疏松有利于土壤养分的保持，水热状况得到显著改善。再在堰内灌水，待水分渗透完后，铲平围堰，盖上松土，最好在其上进行覆盖。平地树木的灌溉最适宜运用此方法。优点是用水比较集中，节省水，缺点是灌水范围较小，远离树冠的根系可能吸收不到水分。

侧方灌溉（沟灌）　在平地、多雨地区或梯田上成片栽植林木时，一般设置了排水沟，发生干旱时只需把沟的排水口堵住，在沟内灌水，让水渗透到土壤即可。在干旱半干旱地区，平地成片林木一般未设置排水沟，发生干旱时，可以每隔 100 ～ 150cm 开一条深约 30 ～ 50cm 的长沟，在沟内灌水，水渗完后再回土将沟填平。沟灌的优点是水从侧方慢慢渗透，不会造成水土流失、土壤结构的破坏，水分能较好地被土壤吸收，较少发生跑水现象，同时湿润土壤比较彻底。

4. 常用灌溉设备和作用

针对不同园林植物生长特点，根据不同植物的配水要求，为方便灌溉，提高效率可以设置不同的灌溉设备，在不同区段、不同植物生长环境进行布设灌溉装置。灌溉设备有抽水泵、管道、阀门、喷头、淋管、出水管，摇摆式喷头等。灌溉设施要求满足灌溉过程的需要，达到既可以灌溉又可以节水的目的，能在不同地形、地势条件下完成灌溉的目的。

5. 城市园林植物灌溉的设施和布置

灌溉设施主要是潜水泵、输水管道、渠道、井、电缆、喷水龙头、阀门、输水辅助设施，灌溉电力系统、灌溉道路系统等。灌溉设施布置系统的调整装置。灌溉设施的布置主要体现在园林植物灌溉的合适区域，在分析灌溉条件、装置水平、安装条件和灌溉设施的具体环境基础上，明确灌溉设施的具体布置方式、要求和布置要求。在灌溉过程中，需要及时布置灌溉设施、明确主要设施的安装位置、要求和具体设施规格。在安装条件改造过程中需要及时根据灌溉装置的功能，园林树木灌溉范围和灌溉能力，及时调整灌溉设施的安装部位，明确各部功能，在能源、电力供应方面作出具体安排，要求灌溉设施的布线符合经济、效益和安全的基本要求，灌溉设施的布置要求做到整齐、有序、功能发挥正常，能保证园林树木生长需要条件的满足。

在水源选择、渠道布线、设施安装等过程中需要结合灌溉实施的需要，设计灌溉技术要求，明确灌溉的条件，在灌溉技术力量方面作出调整。在苗圃地需要注意灌溉范围的界定，灌溉道路系统的安装、灌溉覆盖面的调整。因此，泵站、电力、输水管道、沟渠、阀门、喷头水的范围均需要结合实际进行布线，使整个苗圃的灌溉系统完整，灌溉高效、及时完成苗圃的灌溉任务。要求在绿化区域内布置一定数量的贮水设施，其目的是在雨季提高雨水收集率，尤其是北方干旱城市显得十分重要，同时，贮水池也能够起到中间过渡承接水分的作用，有些贮水池安装净化装置，有助于开展污水处理，满足树木灌溉对于水质的要求（图 3.3.1）。

图3.3.1　城市绿地灌溉贮水设施

从灌溉设施安装的技能要求来看，需要有一定的技术力量，在设备选择、安装过程、设施检查、试运行等方面需要作出调整，以保证灌溉的高效。从水源来看，水质是十分重要的，要求水质量达到一定要求，至少是二三级水，且在水的污染程度方面能保持清洁的比例，水中矿物质含量达到一定标准。水中污染物含量较少，对于园林树木的生长影响较少。

在灌溉设施布置方面，需要及时在位置选择，布局安排、装置选择，设施功能检测、安装道路、输水方式、输水形式和道路系统中安装方式、方法的选择上，明确各部功能，在灌溉设施的调整方面，需要在适当部位作出调整，目的是保证灌溉形式完整、功能齐全。

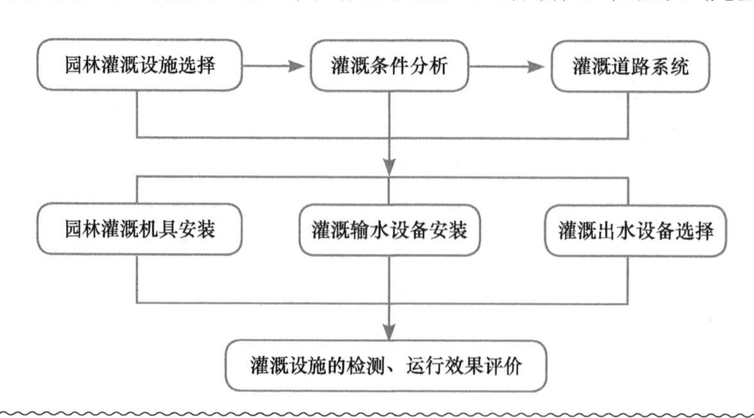

灌溉设施的安装需要专门人才的支持、保证，在具体实施过程中需要认真按照操作规程进行，严格执行操作条件，在具体环节上需要及时检查，保证操作正确。

知识拓展：灌溉与排水

1. 概念

灌溉 根据园林植物生长、发育对于水分的需求特点，结合当地气候和土壤内水分变化的规律，以及树木、花草栽植的时间长短，运用适当的方法将水分注入植物根系或叶片表面，满足生理、生长发育的需求。

（1）灌溉时期

新栽植的大苗大树，为了保证成活和生长，应经常灌溉使土壤处于湿润状态，对于春花植物如海棠、迎春、碧桃、月季等灌花前水，夏季是树木生长旺盛期，需水量大要灌水。中国北部地区，冬季严寒多风，为了加强苗木、新栽植树木的防寒，于入冬前灌冻水。另外在树木、花草施肥后，应随即灌溉或与施肥同时进行，保证肥料的溶解、下渗，以利于根系吸收。树木开花期、孕蕾坐果期也是对水分需求量较多的时期，需要及时灌溉。

（2）灌水量

根据园林树木体内水分现状，以及正常生理活动和代谢所需要的水分数量，需要补充的水分数量，同时结合土壤自然含水量的多少，计算得出适于单株树木或成片栽植林木，一定面积范围内草坪或绿地的实际灌溉水量。灌水量也与树种、土质、气候及植株大小有关。也与天气条件有关。

（3）灌溉方法

根据植物的栽植方式来选择灌溉方法，选用适当的灌溉机械设备，针对具体园林树木生长高度、分布和面积大小，尤其是树木需求水分数量，以及树木栽植地的地形地势等，选择适宜的灌溉方法。通常有五种方法。

单株灌溉 对于露地栽植的单株乔灌木如行道树、庭荫树、观赏树、分散栽植的花灌木等，先在树冠的垂直投影外开堰，扒开表土做一圈土埂，利用橡胶管、水车或其他工具，对埂内灌水至满，待水分慢慢渗入土中后，将土梗扒平覆土，及时封堰与松土，以减少土壤中水分的蒸发。该法的优点是可以保证每株树木均匀灌足水分。

漫灌 群植、林植或片植的树木及草地，当株行距小而地势较平坦时，采用漫灌。该法的缺点，耗水较多，容易造成土壤板结，需要在灌水后及时松土保墒。

沟灌 列植的树木，成排的防护林、片林中，如绿篱等行间挖沟灌溉，使水沿沟底流动浸润土壤，直至水分渗入周围土壤为止。

喷灌 在大面积绿地如草坪、树坛、花坛或树丛内，可以采用隐蔽的喷灌系统，也可以用移动喷灌装置或安装好的固定喷头对草坪、花坛、树坛等进行人工或自动控制进行灌溉。该法优点是基本上不产生深层渗漏和地表径流，省水、省工、效率高，且能减免低温、高温、干热风对植物的危害，提高了植物的种植绿化效果，在干旱半干旱地区，土壤缺少水源供给地区较为适宜。

叶面喷洒或树干注射　对于果树、花卉、蔬菜或盆栽植物等，有时为了及时提供植物生长对于养分的需求，减少肥料施入土壤中被固定和流失的数量，采用肥料溶解水中成为适宜浓度的水溶液，喷洒在叶片表面，有些树木可以直接在树干木质部注射，一方面起到提供营养的目的，另一方面可以减少植物蒸腾失水的数量，提供一定数量的水分用于植物生长。

（4）灌溉用水

河水、湖水、井水、池塘水、收集的雨水、水库水都可用来灌溉，但是水质不能危害树木生长。生活污水也可以用来灌溉，但是必须经过监测证明没有对植物产生危害，有些是已经经过净化处理的，也可以用来灌溉。总体而言，以软水为宜，避免使用硬水。切忌使用工业废水。在灌溉过程中，应十分关注水的酸碱度是否适宜植物的生长，低洼积水区域的水分有时会出现一定的碱性需要注意，设法降低碱度。在北方地区的水质一般偏碱性，对于某些要求土壤中性偏酸或酸性的植物种类来说，容易出现缺铁、锰、铜现象，需要适当改良。另外，灌溉水的温度也需要注意，尽量避免在夏季高温天气水温较高时灌溉，也不要在严寒冬季水分低于4～5℃的条件下进行灌溉。

（5）排水

在长期降水或地形低洼积水、汇水区等条件下，土壤中水分过多出现积水而成涝害。土壤中水分越多空气含量越少，土壤水分相对于最大含水量从6.7%上升到100%，则空气的孔隙比例从54.5%下降至0.6%。土壤中空气孔隙比例随土壤中水分含量增加而下降，会导致根系呼吸困难进而影响新根萌发，根系呼吸等。树木栽植地一旦发现涝害应立即组织排水，需要采用3种方法对不耐水湿的树木进行排水。

地表径流法　这是大面积园林绿地常用的排水方法，适宜草坪、花灌木丛，在建立绿地时即安排好倾斜度，将栽植地面推土改造成坡度范围0.1%～0.3%，栽植面平整，不留洼坑，保证强降雨时雨水从栽植面流入出水口、管道、河道或下水道等。

明沟排水法　在无法实行地表径流排水的绿地，在绿化地段挖一定坡度的明沟来进行排水，沟底坡度以0.1%～0.5%为宜，一般为暴雨后抢救性排水。

暗沟排水　在绿地下埋设管道或修筑暗沟，通过引水口引水入管、沟，将积水从沟内排走。此法不妨碍交通，节约用地，省劳力，缺点是造价较高，有些城市地段施工比较困难。

2. 喷灌工程名词术语

喷灌　喷洒灌溉的简称。它是借助一套专门设备将具有压力的水喷到空中，散成水滴降落田间，供给作物水分的一种先进的灌溉方法。

喷灌设备　又称喷灌机具，是用于喷灌的动力机、水泵、管道、喷头等机械和电气设备的总称，包括地上和地下两部分。

喷灌机（机组） 将动力机、水泵、管道、喷头等设备配套成一个可以移动的整体，称之为喷灌机或喷灌机组。

喷灌系统 把喷灌设备和水源工程联系起来，以实现喷洒灌溉的一种水利设施。其分类是：按系统获得压力的方式分为：a）机压喷灌系统，靠机械加压使系统获得工作压力。b）自压喷灌系统，利用地形自然落差来获得工作压力。按系统的喷洒特征分为：a）定喷式喷灌系统，喷头在一个位置上作定点喷洒，如各类管道式喷灌系统和定喷机组式喷灌系统。b）行喷式喷灌系统，喷头在行走移动过程中进行喷洒作业，如中心支轴、平移等行喷式喷雾机组成的喷灌系统。按系统的设备组成分为：a）管道式喷灌系统:水源、喷灌用水泵与各喷头间由一级或数级压力管道连接，根据管道的可移动程度，这类系统又分为固定管道式喷灌系统、半固定管道式喷灌系统和移动管道式喷灌系统。b）机组式喷灌系统：以喷灌机（机组）为主体的喷灌系统，它又分为定喷机组式喷灌系统和行喷机组式喷灌系统。

喷洒水利用系数 洒布在地面、作物上的水量与喷头喷出水量的比值，用 η 表示。

喷灌均匀系数 喷头在一定组合形式下工作时，反映喷洒水量在喷灌面积上分布均匀程度的系数，用 Cu 表示。

喷头组合间距 喷头在一定组合形式下工作时，支管布置间距与支管上喷头布置间距的通称。

喷灌强度 单位时间内喷洒在地面上的水深，用 ρ 表示，单位为 mm/h 或 mm/min。喷灌强度的允许值，称为允许喷灌强度。

雾化指标 反映喷头射流碎裂程度的指标。

设计喷头工作压力 喷灌系统规划设计中所确定的喷头正常工作压力。

喷灌系统组成要素 从喷灌工程的设计、施工、安装及验收，均需要在一定的场合和工作环境下开展，其系统组成的基本要素分别是：喷点，喷头的工作位置。竖管，连接喷头的竖直短管。支管，连接竖管，或者不设竖管时，直接连接喷头的管道。干管，支管以上各级管道，分为干管、主干管的统称。工作池，喷灌机直接抽水的田间水池或绿地区蓄水池。工作渠，喷灌机直接抽水的田间或绿地渠道或串联工作池的渠道。喷灌泵站，喷灌系统中水源泵站、加压泵站和输水泵站的统称。直接从地上或地下水源提水的泵站称为水源泵站；为喷雾系统提供所需工作压力的泵站，称为加压泵站；受水源、地形及其他自然条件限制，为降低工程投资，在水源泵站与加压泵站之间增设起输水作用的泵站，称为输水泵站。

3. 灌溉技术规程

园林树木或绿地灌溉的用水要求和相关技术规程参考农业生产灌溉规范、规程。节选部分与灌溉有关的内容附后（参见节选）。

考证提示

技能要求

1）能根据园林树木、草地等栽植地土壤含水量，以及植物生长发育阶段对于水分需求，计算合理的灌水量。

2）能根据树木生长阶段和栽植地环境，水源供给情况，独立判断树木的灌溉方式、方法。

3）能根据不同季节和生长阶段树木对于水分的需求，计算出树木灌溉最佳水量。

4）依照树木栽植地实际环境，树木分布和生长状况，布设灌溉装置和电力调配。

5）能组织相关人员编制树木灌溉方案，落实具体措施和材料设施，及时选择适当的灌溉方法完成灌溉任务。

6）在完成灌溉任务后，能及时拆卸灌溉装置，清理现场，保护好栽植地土壤环境。

相关知识

1）明确园林树木、绿地灌溉的主要内容。

2）灌溉水量计算，树木栽植地土壤最佳含水量的计算，包括田间持水量和有效含水量。

3）栽植地土壤墒情简易检验标准，包括土色、潮湿程度，土壤状态和作业措施。

4）了解不同土壤墒情与灌溉的关系，黑墒土质宜松土散墒，适于栽植，黄墒适于蹲苗，花芽分化，灰墒及时灌水，旱墒需要灌透水。

5）熟悉灌溉技术的主要内容，包括灌溉时期、方法和注意事项。

6）了解明沟排水、暗沟排水、地面排水的特点和施工技术，各自优缺点。

实践训练

杜英的灌溉工程

杜英为深根性耐荫常绿树种，5～6年生苗木高度通常是3.5～6.1 m，苗木干径是$D=4\sim5.5$ cm，7～8生年苗木高度通常是5.2～7.6 m，苗木干径是$D=4.6\sim7.5$ cm。杜英树种由于生长速度快，干性通直，生长量较高，具有较好的抗病虫为害能力，因而，在城市绿化中得到广泛应用。其中不乏较多地作为行道树栽植，也有作为片林栽植运用。为了最大限度满足杜英生长对于水分的需求，需要采用适时灌溉。作为培育杜英苗木的苗圃和运用杜英栽植的园林绿地等两种栽植方式在灌溉方式、方法，以及灌溉

定额计算、灌溉的操作方面具有不同要求。

植株数量、灌溉工期：以1亩苗圃面积的8年生杜英大苗为例，苗木株树为1320株，苗圃地形平坦，灌溉需要2天完成，根据苗圃面积、苗圃中沟渠系统密度，土质条件，杜英苗的生长状态，确定适宜的灌溉深度、灌溉方式和方法。

在合适晴朗的天气条件下，砂质土可以采用沟灌、漫灌的方式，壤质土、黏壤土可以采用沟灌、穴灌的方式。灌溉时开沟深度要求达到10～20 cm，穴灌的孔径要求在$\Phi6$～10 cm，要求灌溉时水分渗透均匀，灌溉速度适宜，不可过于快速。灌溉时，需要一次连续做好灌溉，减少反复次数。具体灌溉时间需要根据当地、当时的天气状况而定，选择在晴朗的白天下午3点以后较为适宜，在正午不适灌溉。

1. 施工准备

人员准备：5人1组：为了顺利开展园林苗圃中杜英苗木的灌溉，或者是城市园林绿地中杜英行道树、片林的灌溉，事先要经过设计，包括落实人员，明确分工职责，落实各自工作任务的目标、要求和具体实施方法。杜英树木苗圃的灌溉，要求有专人落实，包括技术设计负责人1人，灌溉实施组织负责人1人，熟练操作技术工人2人，辅助工人1人，也就是要求组织成5人灌溉工作小组，各司其职，明确任务。在灌溉之前，要求灌溉技术工人具有上岗证和相应工作经历，或者经历灌溉技术培训。

机械准备：灌溉机械设备主要有：潜水泵、柴油机、输水用涂塑软管、旋转式喷头、雨点状喷头、花卉喷灌用金属薄壁管及管件、绿化喷洒多用车。

常用工具：锄头、铁铲、水壶、卷尺、金属扳手、园林喷淋器、支管连接件、长方形地埋式喷头（喷灌器）、土壤湿度感应器、土壤水分速测仪和记录本。

2. 灌溉用水量的计算

根据苗圃地面积，杜英苗木数量、高度和胸径等生长量指标，在实际测定土壤水分含量的基础之上，根据苗圃土壤质地种类，计算出田间持水量和毛管悬着持水量，根据最大灌溉水量（10^3 kg/hm^2）= 植物分布面积（m^2）× 根层分布深度（m）× 土壤容重（10^3 kg/m^3）×（田间持水量－土壤现有含水量），或者最佳灌溉水用量（10^3 kg/hm^2）= 植物分布面积（m^2）× 根层分布深度（m）× 土壤容重（10^3 kg/m^3）×（毛管悬着持水量－土壤现有含水量）。确定灌溉次数、灌溉方式和方法。灌溉时要求土壤充分浸润，不至于出现溢水现象。

3. 施工步骤

灌溉施工步骤要求按照灌溉对象分布、数量、灌溉设计的要求，为了做到有序、高效、节约和安全灌溉的目的，需要在确认灌溉方案、明确步骤后有序开展。按照以下步骤进行：

1）依据杜英苗木所处的地点，即在苗圃地、园林绿化栽植地划分不同的灌溉方法。苗圃地要求开沟，较大面积分布的杜英片林或林分，先做好开沟、挖穴工作，有条件做好灌水沟铺垫防渗薄膜，以减少水分的流失。挖穴状沟也可以用于灌溉。

2）检查水源来源、贮量和水的质量，污水经过净化处理方可以用来灌溉。

3）完成连接灌溉设备、设施，要求从水源到进水设施（泵站）、输水管道、出水口、喷头等四个关键部分的连接达到规范要求，检查接口部分的气密性和渗漏性，发现问题及时修正。

4）连接电源或启动柴油发动机，完成动力输送水分，检查稳定性。

5）安设灌溉水量表。

6）调整喷头位置，要求出水口稳定，喷头出水均匀。

7）检查林地灌溉均匀度，片林中不同植株叶片、干部的灌溉均匀一致。

8）检查土壤水分含量，达到预设要求时，停止灌溉。

9）拆除灌溉设施，清理现场。

10）做好灌溉的档案记录，包括灌溉时间、地点、灌溉树木、树木生长状态，灌溉水量等。

金盏菊的灌溉工程

任务的简述：花卉是城市园林绿化的重要装饰材料，具有很广的应用面，尤其在花坛、花境布局中具有不可替代的地位。目前，花卉育苗栽植一类是集中在保护地设施中进行，另一类是在花圃进行，因此，在日常培育、栽植中需要根据具体环境采取相应的技术措施，而灌溉对于花卉的生长发育十分重要。

花卉多数是一二年生草本植物，仅仅 1 ～ 2 年的寿命，从胚胎期种子发芽，到幼苗期（2 ～ 4）个月的营养生长期，以及到花卉植株大量开花，观赏盛期（花期 1 ～ 2）个月的成熟期均需要采用灌溉来满足花卉生长发育对于水分的需求。由于花卉单个植株根系浅，多数集中在 0 ～ 6 cm 以内，并且露地培育时集中生长，密度大，植株高度相对乔木、灌木而言显得明显低矮，所以在灌溉方式、方法上，花卉植物的灌溉更多适宜采用喷灌、滴灌较为合适。

二年生花卉金盏菊（*Calendula officinalis*）9 月上旬播种，秋冬用花，9 月下旬或 10 ～ 11 月初播种早春用花，连作时土壤须消毒，选择排水良好的砂质壤土为宜，金盏菊栽植地宜选择阳光充足，开好排水沟的地段。

喷灌是针对一定种植范围内的树木或花卉，采用具有一定水压的灌溉水通过喷头直接散射或迷雾到大气中或植物枝叶表面，使得灌溉水量比较均一，灌溉效率较好的一种灌溉方法，它能最大限度节约水源并且比较均匀实现喷洒效果。喷灌的应用和效果图示见如下图 3.3.3 ～图 3.3.5。

人员准备：3 人 1 组。为了有效开展园林花卉——金盏菊的灌溉，经过灌溉设计，包括落实人员，明确分工职责，组织灌溉的流程，会协作开展灌溉。灌溉实施组织负责人 1 人，熟练操作技术工人 2 人，要求组织成 3 人灌溉工作小组，相互协作开展灌溉实施。要求灌溉技术工人具有相应工作经历，或者经历灌溉技术培训，熟悉花卉灌溉的技术要求。

机械准备：灌溉机械设备主要有引水管、喷头、连接器件、电力设施，在特定地段，灌溉地上、地下设施系统。

图3.3.2　草地喷灌

图3.3.3　连续水力喷灌

图3.3.4　喷灌扬程

图3.3.5　喷灌形成水幕

柴油机、潜水泵，涂塑软管，旋转式喷头，摇摆式喷头、花卉喷灌用金属薄壁管及管件。

常用工具：锄头、铁铲、水壶、卷尺、金属扳手、园林喷淋器、圆柱滴头滴灌管，支管连接件、土壤湿度感应器、土壤水分速测仪和记录本。

1. 灌溉用水量的计算

根据金盏菊生长种植面积，土质情况，植株密度和高度，以及所处的生长阶段，确定灌溉定额，要求土壤湿度保持在 10 % ～ 14% 范围即可，不宜超过 20%。生长期金盏菊的灌溉次数 3 ～ 4 次，幼苗期 2 ～ 3 次，尤其在花芽分化前期，开花期 1 次即可，视天气状况，栽植地土质状况。灌溉方式和方法，以充分浸润土壤，满足植物生长需要为宜，不至于土层出现浸渍现象，因为金盏菊为不耐水湿植物。

2. 施工步骤

以喷灌为例说明金盏菊的灌溉，完成花圃育苗地中畦块式栽植花卉的灌溉，或者是基于容器育苗、盆栽金盏菊的叶片喷雾灌溉。

喷灌的实施步骤：

1）选择水源，检查灌溉水质量是否符合标准，主要从化学需氧量 COD_{Cr}，悬浮物，凯氏氮，总磷（以 P 计），pH，全盐量，总汞，总镉，六价镉，总砷等 10 个生化指标作为评价灌溉水质的标准。如果不符合则需要经过生化、物理等净化处理。

2）灌溉设备的准备，动力准备，在灌溉区域安装设施，包括永久性埋设的地下管道，或地上管道系统布设，调试合格后方可进行灌溉。

3）根据金盏菊生长花圃地的土质条件、水分状况以及天气状况等，选择适宜的喷灌时间，要求最大限度节约用水和满足灌溉水的利用效率。

4）确定用水量，要求圃地在一定深度的范围内达到 10% ～ 14% 湿度范围，林地水分均匀分布，不能积水。

5）要求喷灌的灌溉次数、灌溉间隔期和灌溉用水量达到生长需要。

6）灌溉完成后，及时拆卸灌溉装置，清理现场，避免堆积影响雅观或过多积水现象。

7）填写灌溉档案，要求灌溉对象即花卉名称、地点、面积，灌溉的时间、灌溉方法、灌溉水量、灌溉次数、灌溉间隔期、灌溉水质、土质条件等应有详细记载。保护地或者露地花圃中的喷灌设施安设及喷雾效果参考见图 3.3.3 ～图 3.3.6。

巩固训练

1. 以实训小组（6～7人为1组）为单位，选择2～4种树木（包括草本植物），制定灌溉的技术实施方案。

2. 选择其中1～2种树木，进行灌溉设计，包括灌溉设备、材料选择、安置，用水方式，水量的计算方法等。明确灌溉方法的选择和实施过程。

3. 灌溉设计具体明确，实施过程记录清楚。分别以城市行道树栽植区域（含绿篱栽植区），大型公共绿地的草坪栽植区的灌溉方式和实施过程为内容，开展灌溉设计并组织实施。

在开放性城市绿地系统中，行道树是一类最为重要的树种类型，由于栽植地环境的特殊，以及道路面层结构的影响，在行道树水分供给能力方面，不同树种存在较大差异，并且受到树池的影响，要求灌溉集中，注意水分的综合和节约利用（图3.3.6）。在干旱季节或长期不下雨的天气状况下，为了保证作为乔木的行道树需求水分的实际需要，需要及时进行灌溉。为了避免水源供给区与灌溉区的远距离运输，在城市行道树、绿篱种植区域需要集中布设地下输水管道，其目的是减少零时使用水源不便所造成的矛盾。在需要灌溉时，布置好管道和连接阀门，扭开固定螺栓，用喷枪水管直接喷射到树干枝叶部位，直至浇灌浇透植物枝叶为止。浇水浇透后，清理现场，管好出水阀门和螺栓（图3.3.7）。

图3.3.6　城市行道树区水源管道阀门

图3.3.7　城市绿篱区水源管道阀门

城市花坛栽植区域的灌溉方式和实施。城市绿化中的花坛是一大类具有特色栽植的布置形式，在现代园林组景、绿化空间分隔、生态绿化效果实现中，花坛具有十分重要的作用。由于花坛类型多种多样，其中种植植物以灌木、草本为主，为了满足花坛树木、植被的生长用水需求，需要在集中连片的花坛布置区或者是花坛、绿地交错区布设一定数量的灌溉水源装置，同样要求输送水分的地下管道合理安排，在花坛附近布置落实，在需要灌溉的时候，调用输水软管和喷头，完成种植区域的浇灌任务，一旦作业完成则及时撤除相关装置（图3.3.8）。

无论是喷灌、沟灌（侧方灌溉）、树盘灌溉、穴灌、滴灌或全面灌溉，均需要明确灌溉对象和区域，选择好适宜的时期。根据土质条件，树木、植被的生长状况，以及干旱程度计算需求水分数量，合理选择灌溉水源和相应装置。灌溉水源质量必须符合标准，污水

灌溉必须经过净化处理，或不能对园林树木产生有害影响。根据土质条件、土壤含水量、树木枝叶含水状况等估算灌用水量即灌溉定额。本着节约用水，提高水分利用率的目标，选择适宜的灌溉方法；布置抽水装置和引水管，充分利用当地的供水装置，如图3.3.9所示的浙江省宁波市苗圃和高速公路绿化区的地下水源管道，可以为附近道路树木或苗圃灌溉提供便利。

图3.3.8　城市花坛栽植区水源管道阀门

图3.3.9　道路绿化区灌溉水源供给装置

用自备发电机如柴油机作为动力能源，或者以灌溉所需的交流电作为动力，在灌溉区有380V的交流电架设变电装置时，可以选择使用潜水泵，安装好喷头，注意保证用电安全。

要求：灌溉任务的实施和操作，要求成员整体配合、协调性强。组织实训时，要求组内同学分工合作，相互配合和支持。熟悉灌溉基本技术的基础上，提出针对具体树种或植物群落的灌溉方法；方案制定要依据树木特点、具体设施、栽植环境尤其是土壤干旱程度进行；要保证节约用水，水的合理利用；同时要保证设备的完整、性能充分发挥，灌溉安全用电和设备运行正常。灌溉时间、树种对象、灌溉方法、灌溉用量、灌溉间隔期、设备调用和用水资源等必须详细记录、完整和严谨，并做到与实际核对，切忌敷衍塞责。

标准与规程

节水灌溉技术规范（节选）

（GB/T 50363 － 2006）

7.1　灌溉水源

园林灌溉水源应充分利用当地自然水源包括池塘、水库、江河、湖泊和城市内河，以及开采的井水，充分利用当地降水，井灌区要严格防治地下水过度开采，渠灌区应收集利用灌溉回归水，井渠结合灌区应通过地面水与地下水的联合运用，提高灌溉水的重复利用率。

用微咸水作为灌溉水源时，应采用咸、淡水混灌或轮灌，工业或生活污废水必须经过净化处理，达到灌溉水质标准，方可用于灌溉。在年平均降水量大于250mm的旱地农业区，集蓄雨水用于灌溉的水源工程规模必须经过论证。

园林树木灌溉必须充分考虑树木最高产量，以及水分生产率高的节水灌溉制度确定用水量。水资源紧缺地区，灌溉用水量可以根据树木不同生长发育阶段对于水的敏感性，采用灌关键水、非充分灌溉等方式确定。

7.2 灌溉水利用系数

渠系水利用系数，大型灌区不应低于0.55；中型灌区不应低于0.65；小型灌区不应低于0.75；井灌区采用渠道防渗不应低于0.9，采用管道输水不应低于0.95。田间水利用系数，水稻灌区不宜低于0.95；旱作物灌区不宜低于0.90。灌溉水利用系数，大型灌区不应低于0.50；中型灌区不应低于0.60；小型灌区不应低于0.70；井灌区不应低于0.80；喷灌区、微喷灌区不应低于0.85；滴灌区不应低于0.90。

7.3 工程与措施的技术要求

防渗渠道断面应通过水力计算确定，地下水位较高和有防冻要求时，可采用宽浅式断面，地下水位高于渠底时，应设置排水设施。防渗材料及配合比应通过试验选定。采用刚性材料防渗时，应设置伸缩缝，标准冻深大于10cm的地区，应考虑采用防治冻胀的技术措施。渠道防渗率，大型灌区不应低于40%；中型灌区不应低于50%；小型灌区不应低于70%；井灌区如采用固定渠道输水，应全部防渗。大、中型灌区宜优先对骨干渠道进行防渗。

井灌区低压管道输水工程应符合下列要求

1. 田间固定管道用量不应低于90m/hm^2。

2. 支管间距，单向布置时不应大于75m，双向布置时不应大于150m。

3. 出水口（给水栓）间距不应大于100m，宜用软管与之连接进行灌溉。

4. 应设有安全保护装置。严寒地区应布设排水、泄空及防冻害装置。

5. 对规划中将要实施喷灌的输水管道系统，应按照喷灌工程的技术要求。

喷灌工程应符合下列要求：

1. 喷灌应满足均匀度要求，不得漏喷，不得产生地表径流。

2. 喷灌雾化指标应满足作物要求。

3. 管道式喷灌系统应有控制、量测设备和安全保护装置。

4. 中心支轴式、平移式和绞盘式喷灌机组应保证运行安全、可靠。

5. 轻型和小型移动式喷灌机组，单机控制面积以3hm^{2}和6hm^{2}为宜。

微灌工程应符合下列要求：

1. 微灌用水必须经过严格过滤、净化处理。

2. 灌溉时应满足均匀度要求，不得产生地表径流。

3. 应安装控制、量测设备和安全保护装置。

4. 条播作物移动式滴灌系统灌水毛管用量不应少于900m/hm^2。

地面灌溉的田间工程应符合下列要求：

1. 水稻灌区应格田化，不得串灌。格田规格平原区以长60～120m、宽20～40m为宜，山丘区可根据地形作适当调整。

2. 旱作物灌区应平整土地，其畦田长度不宜超过75m；畦宽不宜大于3m，并应与农机具作业要求相适应。

3. 灌水沟长不宜超过100m。

注水灌（含坐水种）应符合下列要求：

1. 应有可靠水源和取水、运水设备，注水灌设备和供水量应满足作物在最佳时期内播种和苗期灌水的要求，且灌水均匀。

2. 水源的控制面积应按每次用水量不少于 75 m^3/hm^2 计算。

3. 水源至田间的运水距离，采用畜力运水，不宜大于 200m，采用机械运水，不宜大于 500m。

雨水集蓄工程用于灌溉应符合下列要求：

1. 应包括集流、输水、沉淀、蓄存、节水灌溉等设施，且配套合理。

2. 专用集流面应采用集流效率高的防渗材料铺设，蓄水窖（池）必须采取防渗措施。

3. 采用滴灌或膜上灌时工程规模宜按每次灌水量不少于 150m^3/hm^2。

膜上灌应符合下列规定：

1. 畦田规格应符合旱作物灌区应平整土地，其畦田长度不宜超过 75m；畦宽不宜大于 3m，并应与农机具作业要求相适应。灌水沟长不宜超过 100m。

2. 灌溉均匀系数不应低于 0.7。

3. 对废弃塑膜应有收集处理措施。

地面移动软管灌溉应符合下列要求：

应有可靠水源，机、泵、管配套合理；软管长度不宜大于 200m。

相关链接 

宁波新美节水灌溉有限公司：http://www.xinmeiwater.com

灌溉网：http://www.irrigation.com.cn

中国灌溉在线：http://www.zgggzx.com

中国节水灌溉信息网：http://gg.zgny.com.cn/

中国灌溉商务网：http://www.idbchina.com.cn/

环球资源内贸网：http://www.globalsources.com.cn

习　　题

1. 简述园林植物灌溉的原则。
2. 夏季园林植物灌溉应注意哪些问题？

任务3.4 古树名木的养护

【任务描述】 古树名木是珍贵的树种资源，是一个地区重要的风景资源组成部分，也是反映当地气候、水文、古气候、古水文与地质历史变迁的活化石。

通过古树名木的调查和养护任务实施，促使学生加深理解古树生长的特殊性，以及在当地的重要意义。通过实地调查和现场登记，等级的规范要求清楚，独立分析古树资源生长发育特征，明确开展古树保护的具体措施，并能根据古树生长地的实际状况，采取相应的技术措施实施复壮工作。能区分名木和古树的异同点，熟悉古树和名木之间的关系。熟悉损害古树名木的行为，明确破坏古树名木及其标志与保护设施的处理方法和相关规定。

【任务目标】 明确古树名木的分级标准、保护方法和措施。了解城市古树名木保护管理办法。能进行古树的分级，区分古树和名木概念之间的差异。通过现场案例调查，能进行古树名木的鉴定、定级、登记、编号，并建立档案，会正确设立标志。能正确根据古树等级进行部门登记，会按照实际情况制定分株养护、管理方案。明确古树名木保护管理工作的基本原则。集体和个人所有的古树名木，明确其处理、保护和捐献的政策。通过具体古树的复壮技术实施，选择2～3种方法进行古树复壮的技术处理，能正确行使古树的复壮措施，并且对于古树名木的养护管理技术措施有深刻理解，结合实际进行演示训练，或根据古树名木的实际状况进行相应实际训练加以巩固。

【材料及设备】 古树生长区的气候水文资料，塑料挂牌、测高器、围尺、记录本、档案袋、照相机、修剪机械、病虫害喷雾器、剪枝剪、铁铲、锄头、水泥砖块、截断的灌木枝条、有机肥料、草坪植物、避雷针、高压弥雾机。

【安全要求】 古树名木的养护任务实施，要求严格按照古树名木保护条例的规定，执行复壮操作和日常维护工作，首先要保证操作人员安全，由于古树树体高大，需要准备登高梯，束好安全带。在修剪时需要保护好树体主干枝条不折断，在用高压喷雾器喷雾时，需要注意农药对于周边环境的污染，注意选择天气和时间，在清晨或傍晚进行，最好选择无风或少风的天气进行。

古树一定高度处安装避雷针需要接地，注意安装点位的准确，在古树根颈范围进行加固，或者在古树根系附近进行开沟施肥等均需要注意深度和宽度，注意施工安全操作，严格执行种植施工操作规程，避免伤人。

【工作内容】 主要是根据古树名木生长环境古树名木生长状况进行调查，要求明确古树、名木的生长特点，古树、名木的衰老表现，根据衰弱原因进行养护，要求采取正确措施完成对应树木的养护。古树名木养护过程中需要针对树木危害特点，装备、安装好已有的工具、设备、设施等进行具体养护实施。在特定场地即古树、

名木生长地点进行调查，根据古树生长特点进行养护措施的实施。在具体古树、名木地点进行实施养护操作，按照分组方式进行。具体养护工作包括树木调查、衰老的调查原因，具体措施、方法的实施，现场操作考核。

组织学生选择古树生长地点，以进行古树保护的树种、尚未进行古树保护的树种进行任务操作，树种调查结合当地园林管理部门、城市建设管理部门的技术资料积累进行。工作过程主要是针对古树生长环古树生长特点、古树衰老状态进行具体分析，要求采取措施完成古树更新复壮技术的实施。本任务主要围绕古树、名木生长、衰老特征分析，要求明确具体任务进行对应养护、养护技术措施明确，方法可行，正确操作，能在规定时间内完成操作任务。

古树名木的养护内容较多，根据管理要求，结合具体古树名木，养护内容大致有：

1）古树生长调查，包括高度、冠幅、枝下高、胸径、年龄的查询等。

2）古树挂牌的检查，或补充挂设。

3）开复壮沟，施肥补充养分。

4）古树根部附近辅梯形砖，或在根系附近土壤周围种植草本植物。

5）古树枝条修剪。

6）古树病虫害防治，主要是枝干害虫、叶部害虫的检查和防治。

7）古树根部灌助壮剂。

8）古树枝干一定高度处安设避雷针，防雷击劈裂。

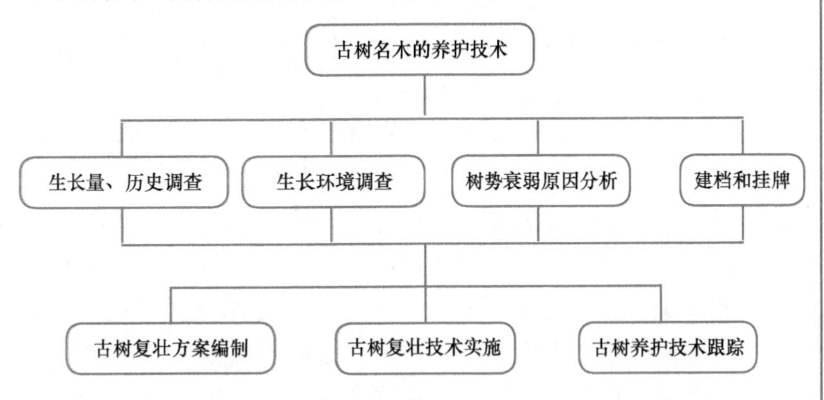

结合任务实施地段和具体古树，选择其中2个工作任务，事先设计方案，准备材料，在现场经过教师现场讲解后，落实人员分组，分发工具和材料，养护操作训练，在任务执行过程中，教师现场点评指导，及时指出和回答问题，纠正实施中遇到的问题，最后操作结束后进行点评，小组之间相互派出组员相互考察、点评，教师最后总结，要求实训结束后，清理养护操作现场，归还工具，整理剩余的物料和药品、器械，任务执行结束后撰写实训报告。

3.4.1　古树名木概述

1. 古树名木的概念和含义

古树名木一般系指在人类历史发展进程中保存下来的年代久远或具有重要科研、历史、文化价值的树木（如图3.4.1和图3.4.2）。国家建设部2000年9月1日发布实施的《城市古树名木保护管理办法》规定，古树是指树龄达一百年以上的树木或者具有特别的纪念意义，或是稀有的特有的珍贵树木。名木是指国内外稀有，以及具有历史价值和纪念意义、具有重要科研价值，或与名人有关的树木轶闻，具有某种纪念意义的树木。

图3.4.1　杭州梅家坞景区古树名木—苦槠

图3.4.2　杭州建德市新安江镇古香樟

《中国农业百科全书》对古树名木的内涵界定为："树龄在百年以上的大树，具有历史、文化、科学或社会意义的木本植物"。实际上，古树或名木并没有一个绝对的标准。在我国，各地就有许多值得称道的古树或名木，古树并不一定是名木，如早各地就有许多香樟古树，而香樟并不是名木；相反，名木并不一定是古树，如深圳市仙湖植物园中邓小平亲手栽植的高山榕（*Ficus altissimoa*），树龄只有30多年的树龄，见证了改革开放的历史进程；广东省高州市江泽民亲手栽植的荔枝树就是很普通的果树，但是它与党和国家领导人的活动有关，尤其是与20世纪中国的改革开放历史决策有关。所以，上述树种就是名木但不是古树，即古而不明或名而不古，但是，也有些树种既是千年古树，同时又是名木，如山东省黄县的周代的银杏约有2500多年，与周文王的典故有关，陕西省黄陵县的轩辕侧柏的树龄为2700多年，台湾省阿里山的巨大桧柏也有2700多年，台湾杉（*Taiwania crypotomerioides*）被誉为龙树，树龄是800年，既是古树又是名木，二者兼而有之。

古树名木分为一级和二级。凡是树龄在300年以上，或者特别珍贵稀有，具有重要历史价值和纪念意义，以及重要科研价值的古树名木，为一级古树名木；其余为二级古树名木。古树、名木往往集二者于一身，当然也有名木不是古树，或者古树未有名的，但是无论哪一种，都应该引起重视，加以保护和研究。

2. 古树名木的园林景观和风景资源方面的保护意义

由于我国地域辽阔、自然条件差异万千，文化历史悠久，自然植被丰富多彩，因此，各地孕育了数量不菲的古树名木。据调查证实，我国古树名木种类之多，树龄之长，分布之广，数量、品种之大，均为世界罕见。它是我们研究植物区系发生、发展及古代植物起源、演化和分布的重要实物证据，也是研究古代历史文化、古园林史、古气候、古地理、古水文，人类经营活动对于古树生长影响的旁证（图3.4.3和图3.4.4）。

图3.4.3　宁波奉化市溪口镇古香樟树池保护

图3.4.4　杭州梅家坞景区古树名木—樟树

（1）古树名木是历史的见证

古树记载着一个国家、一个民族、一个地区的文化发展历史，是一个国家、一个民族、一个地区的文明程度的标志，是一部活的历史，因为树木栽培与人类活动有密切的关系。我国传说中的周柏、秦松、汉槐、隋梅、唐杏、唐樟、明桂，均可以作为历史的见证。北京景山公园内崇祯皇帝上吊的古槐是记载农民起义军伟大作用的丰碑；北京颐和园东宫门内有两排古柏，八国联军火烧颐和园时曾被烧烤，靠近建筑物的一面从此没有树皮，它是帝国主义侵华罪行的记录。这些古树是活着的历史文物，它们的存在可以作为人们吊古、瞻仰、怀念的对象。

（2）古树名木为文化艺术增添光彩

不少古树名木曾使历代文人骚客、士大夫为之倾倒，成为它们咏诗作画的题材，也是风景写作的好材料。也许每一株古树后面往往都伴有一个优美的传说和奇妙的古树。例如“扬州八怪”中的李韶，曾有名画《五大夫松》，是五岳之首泰山名木的艺术再现。此外，泰山的“望人松”，黄山的“迎客松”傲然屹立在巨石之旁，倾身探臂，向中外游人热情招手，成为两大名山的标志。早已经成了画家笔下的水墨丹青，成为诗画题材，是我国文化艺术宝库中的珍品。

（3）古树名木是名胜古迹的佳景

园林树木是组成景观的重要因素，而古树名木更以其苍劲古雅、姿态奇特而成为名胜古迹的最佳景点。黄山风景名胜区的黄山松以顽强、奇异、典雅富有诗情画意著称于世，宛若黄山的灵魂。它干身矮挺坚实，树冠短平针密，同霜雾怪石抗争，显示出独特的魅力。再譬如陕西黄陵的“轩辕柏”，北京香山公园的“白松堂”和戒台寺的“九龙松”，泰山后石坞的“天烛松”和“姊妹松”，苏州光福寺的“清、奇、古、怪”4株古圆柏等，天台国清寺的隋梅，它们把祖国的山河装点得更加美丽多娇，更使无数中外游客啧啧称奇，流连忘返。

（4）古树对于研究树木生理具有特殊意义

由于人的生命有限，而古树名木的生长期限很长，给观察其生长过程带来不便，更不可能在有限的时间内观察古树的个体生长过程和特点。人们无法用跟踪的方法去研究、揭示上百年乃至千年树木从生到死的生理过程，而不同年龄的古树可以同时存在，能把树木生长、发育在时间上的顺序以空间上的排列形式展现出来，使人们能以处于不同年龄阶段的树木作为研究对象，从中发现该树种不同阶段的规律特性，有利于揭示树木生长规律。

（5）古树对于树种规划、研究自然历史和气候变化有较大的参考价值

某一地区的古树是适合当地气候、地质和土壤条件的，因而绝大多数古树属于乡土树种，保存至今的古树，是对于当地气候和土壤条件有很高的适应性。在调查一个地区生长、栽培及市郊区野生树种，尤其是古树、名木，可以作为树种扩大栽培、树种种植规模扩大、城市树种规划的依据。古树是进行科学研究的宝贵资料，它们对于研究一个地区千百年来气候、水文、地质和植被的演变，具有参考价值，其生态适应性、年轮结构和树木生长规律，蕴涵着古水文、古地理、古气候、植被的变迁信息，是开展与当地植被演变有关的气候变化、植被演化的活化石。

3. 古树衰老的生理和自然原因

树木衰老是一个必然的生长发育过程，从生命周期看来是树木处于生长发育的后期阶段。加之长期处在自然条件、人为干扰、病虫危害、森林火灾等干扰因素的作用下，古树名木发生衰老是很必然的事情，我们需要在调查的基础上，找出根源，采取适当的措施延缓衰老，促进其健康生长。古树有着几百年乃至上千年的树龄，究其原因，一是树木本身具有健康长寿的树木控制基因，二是环境条件适宜，主要是树木周围附近的大气、土壤、水体状况适合树木生长，再者就是由于人们长期的呵护和管理，在树木不同的生长阶段进行了有效的经营管理。

树木由于生存环境的变化，特别是经过移植之后往往造成树木生长势减弱，以及古树周围环境改变，造成树木易于衰老。若养护管理不当轻者树势衰弱，生长不良，影响其观赏、研究价值，严重时会导致死亡。一旦死亡则无法再现古树风采，因此我们应该倍加珍惜重视古树的复壮和养护管理，为古树恢复生机或健康生长创造一个适宜的生态环境，主要是通过人为i措施使衰老的、以至于死亡的阶段延迟到来，使树木最大限度地为营造风景、为人类服务。正因为如此，我们需要分析古树名木衰老的原因，以及造成的各种可能因素分析，根据实地调查、取证分析引起古树名木生长衰老的原因，以便采取相应养护对策。

（1）人为因素

这是导致古树名木衰老死亡最重要的原因。常见的人为因素主要有以下7种：

1）地面过度践踏，造成土壤通水透气性能降低。古树名木大多生长在公园或风景名胜区，地面踩踏过多导致土壤紧实、土壤板结，通气性差，树木根系正常生长受到抑制。

2）地面铺装面过大，影响土壤空气的正常交流。由于工程上的需要追求美观、形式，在树干周围地面用水泥砖或花岗石材料进行铺装，形成铺装面过大，树池较小，造成地下

与地上气体交换困难，使得古树根系处于透气性极差的环境中。

3）污水随意倾倒，造成土壤理化性质的劣化，随着公园、建筑物旁、风景区商业活动的急剧增加，在古树附近乱倒各种污水、建筑垃圾或增设临时厕所等行为，造成土壤含盐量增加，土壤性质劣变，不利于树木生长。

4）不文明行为所造成的树体伤害，如树体刻划、攀折枝叶、剥损树皮、树木枝叶的随意挂钩物体等。

5）在树木周围使用明火，排放烟气，损伤树体。

6）在树木周围取土，长期堆放杂物，造成树木生长受损。

7）擅自购买树木、移植古树，造成栽植成活率下降。古树名木是城市绿化的主要装点装饰植物，对于营造城市景观具有重要作用。

在城镇化发展的今天，古树名木进城十分普遍。许多地方采用“大树搬家”、“古树进城”的办法，不惜花重金，动辄几十万、上百万元去收购古树，以提高城市的品味与档次，从别的地方包括从乡村挖掘古树，造成拆了东墙补西墙的局面，以牺牲其他环境为代价。一些人抵挡不住诱惑，冒着被拘留、罚款和判刑的危险，参与盗买、盗卖古树名木，致使许多珍贵的古树在挖掘、搬运、移植过程中造成树种生长受损，甚至造成种植后死亡，这是近年来大量古树遭受毁坏、损失的主要原因之一。

（2）自然因素

暴雨、台风、大雪、雷电等灾害性的天气，均会给古树名木造成伤害，主要是上述因素对于树木生长产生影响，轻者影响古树树冠，重则造成断枝和倒伏，很难恢复到原来状态。

（3）病虫危害

古树经历过漫长的岁月，大多数抗病虫能力较强，但是如果过于衰老或由于其他原因，造成生长势减弱，年生长量较少，就容易遭受病虫危害，特别是虫害的侵入，对于树体加快衰弱起到促进作用，需要及时防治以保持树体健康生长（图3.4.5）。

图3.4.5 景区的古树树干衰老态势

古树的挂牌工作是一项基础性又是十分重要的工作，在经过核定和检查之后，按照当地省市城市建设部门核实颁发古树编号，及时进行登记造册，并采用特定金属材料和书写规范写出古树登记标牌，内容主要是树名，所属科名，树龄、保护等级，古树保护签发政府机构，立牌年份等（图3.4.6）。对于文字颜色、牌子大小、装订的高度位置均有一定规范要求，需要遵照执行。

图3.4.6 宁海前童镇七圣樟树脚（树龄1060年）

3.4.2　古树名木的调查

1）准备好调查设备、设施，组织人员，写出古树名木的调查方案。

2）调查内容确定：古树名木的位置、树种名称、树龄、树高、树种长势、冠幅、胸围、根围、病虫发生情况，立地条件、观赏作用分析、保护现状、使用权属等。

3）搜集有关古树名木的历史及其其他资料，与古树名木有关的诗词、画、图片及神话传说、人物传记、名人轶事。

4）在调查的基础上，根据古树名木等级划分依据，加以分级，做好登记、编号，并建立档案，设立标志。

5）挂牌：金属牌上要求写出树种名称、所属科属、年龄、保护等级，树种所属保护管理部门，立牌年限。

6）现场提问学生，询问有关古树、名木的调查、保护内容，保护方法。考核小组调查、操作水平。

3.4.3　古树名木的复壮技术

根据古树生长状况，以及古树根部土壤的结构、质地和厚度状况，以及树木与周围建筑物之间的关系，挖掘复壮沟，注意沟形状、深度和宽度。沟深80～100 cm，宽度80～100 cm，长度和形状因地形、地势而定，平地以半圆形、圆形为形态，斜坡以长条状、“U”字形为主。沟内含物须具有复壮基质，各种枝条、补充营养元素。

开沟　在树冠投影外侧，从地表往下挖掘6层，厚度是65～100cm。表层为10～15 cm的素土，第二层为10～20cm的复壮基质，第三层为树木枝条层10～15cm。第四层仍是10～ 20cm的复壮基质，第五层是10cm的树枝，第六层是15～20cm的粗砂和陶粒。分层堆放不同物料的主要目的是增加土壤肥力，满足古树生长对于土壤多种养分的需求，同时能尽最大可能满足树木生长对于养分的需要。

设置通气管和地下渗水井　在复壮沟的一段，从地表层到地下竖埋通气管，通气管材料是用直径约10 cm的硬塑料管打孔包棕做成，管高度80～100cm，管口加带孔的铁盖。同时在复壮沟的一段或中间，安设深度为1.3～1.7m，直径1.2m的井，四周用砖垒砌砖而成，下部不用水泥勾缝，井口用水泥封口，上面加铁盖，井比复壮沟深30～50cm，在树根附近积水时可以向四周渗水，保证古树根系分布层不被水淹没。如雨季水较多时，如果不能及时排走，可以用泵站抽取。

复壮基质选择和配置　采用当地阔叶树木枝叶或松树针叶，长江流域可以采集壳斗科、樟科、木兰科树种的自然落叶，经过腐解而成，配料时取50%～60%的腐熟叶子加40%～50%的半腐熟的落叶混合而成，再在混合物中加入少量N、P、K、Fe、Zn、B等元素化合物配置而成。要求基质含有丰富的多种矿物质营养，pH在4.5～7.8之间，富含胡敏酸、胡敏素和黄腐酸，可以促进古树根系生长。同时，有机物逐年分解与土粒胶合成团粒结构，改善了土壤的物理性状，促进微生物活动，将土壤颗粒固定的多种元素逐渐释放出来。

基质中增施肥料　以改善基质养分状况为目标，逐步加入肥料养分，以Fe、B、Zn等元素补充为主，施入少量的N、P、K等元素。Fe素补充以施入硫酸亚铁（$FeSO_4$）提供，使用量按照长度1 m、宽度0.8 m的复壮沟，$FeSO_4$施入量是0.1 ～ 0.2 kg。

树木枝条剪截、堆腐发酵　采用冬季树木修剪下的枝叶，或者是结合当地树木养护对于树木修剪下的枝条进行剪截，枝条长度是30～40cm的枝条，用绳子捆好埋入沟内，枝条与土壤形成密接，并保留一定的孔隙，复壮沟内加二层以上树枝、叶子，每层10～15cm，并且各层之间要加适当土壤阻隔并保留通气状况。阔叶树枝条截断之后，埋土堆腐。

施肥　利用稀土复合肥，施入古树根部范围，增强古树的抗旱、抗病等生理功能。

3.4.4　古树名木的养护管理

1. 支撑加固技术

材料：钢管、竹秆、螺丝、软垫、不同型号的铁丝，锄头等。根据调查古树生长状况，分组选择古树。

1）调查古树主干是否有中空，主枝的腐烂、死亡情况，树冠平衡态势。

2）选择支撑点，主要是支撑点的高度位置，要求至少在2.4m以上。高度在10m以上的古树，支撑点要求的6m以上。

3）选择支撑方式，钢管支撑采用棚架式，竹秆、树干采用三角架式，一字式等。

4）支撑材料落点的加固处理，主要是加深厚度，包括固定点的深度、范围等。

5）为了防止在多风季节吹折枝干或撕裂大枝，应该提前进行支撑加固，风后及时拆除。一般古树支撑2 ～ 3年后也需要及时更换材料。

2. 树洞修补技术

材料：小刀、消毒药剂主要是70%～90%酒精溶液，3～5%硫酸铜（$CuSO_4$）溶液，橡皮或塑料排水管，铁钉，木板条，安装玻璃用的腻子，白灰乳胶，与古树树皮颜色一致的真树皮片。

1）分析古树树体伤疤、空洞分布、数量和大小状况。

2）开放法操作步骤：用小刀清理树洞内腐烂的木质部。

3）用70%～90%酒精溶液，或3%～5%硫酸铜（$CuSO_4$）溶液消毒腐烂组织，清理后的部位需要及时修补。或者使用由植物油、蜂蜡、硫酸铜混合制作的豆油铜素剂消毒伤口。

4）修整洞形，在洞口划开树皮，安置橡皮或塑料排水管。

5）封闭法操作步骤：树洞清理、消毒，整形，在洞口表面钉上木板条，用安装玻璃用的腻子封闭，均匀涂抹白灰乳胶，洞口侧面覆压树皮状纹，或钉上真树皮，修整洞口边缘，做好清理工作现场。

3. 古树灌溉水分、松土、施肥管理

根据季节特点、古树对于水分的需求特点，在夏季干旱季节、秋季进行灌溉防旱，灌溉后应松土，起到保墒，同时也能增加通透性。晚秋、冬季灌水防冻害，在5 ～ 6月份雨季来临之际进行排水。

1）每组根据所调查古树生长状况，在分析季节气候因素的基础上，结合古树生长特点，以及古树生长环境进行灌溉设计。

2）灌溉方法设计：包括灌溉水量、灌溉方法包括喷灌、浇灌、漫灌等。灌溉时需要注意用水量、水质的选择，必须满足土壤足够的湿度，以及在干旱季节减少树冠蒸发的目的。

3）在古树灌溉后需要松土，以便水分能及时渗透，在松土深度把握上，要求在5 ～ 15cm，必要时可以补充土壤厚度。

4）采集古树根颈周围土壤样品，样品处理后测定酸碱度、有机质、氮、磷、钾等养分状况，同时测定铁、硼、锌等微量元素含量，判定肥力高低。编制古树施肥改良翻番。

5）根据养分高低水平，以及树木生长所需要，采用穴施、环状、放射状等方式进行施肥训练。

6）肥料用量的计算，分有机肥、无机肥和生物肥等计算。施肥效果生长评价。

4. 古树的整形修剪和桥接

材料：修枝剪，登高梯、弹簧剪、修剪伤口保护剂、绳子。

1）分析古树、名木的树枝分布，枝条腐朽、遭受病虫害危害情况。

2）确定修剪枝条的对象，包括枝条的数量、位置、枝条取舍要求。

3）修剪实施，修剪枝条的剪口位置、留剪口芽数量、枝条截取的比例即修剪强度确定。根据古树损伤程度，确定适宜的修剪强度，包括弱剪，中度修剪和轻度修剪。

4）修剪大枝后对于伤口的保护处理，主要是伤口涂抹保护蜡、防腐剂等。

5）在需桥接的古树周围，均匀种植2～3 株同种幼树，于古树一定高度切开树皮，将削成楔形的幼树枝插入古树皮内，用绳扎紧，利用愈合后幼树根系的吸收作用达到增强古树生长能力之目的。

6）整理古树、名木修剪之后，小组成员、小组之间的检查，是否有无漏剪、错误修剪，以便采取补救措施。

7）教师组织小组成员开展修剪任务的评价，参照考核标准，评定各个小组成绩。

8）归还工具，清理现场，布置实训报告撰写。

考证提示

技能要求

1）能根据古树、名木生长地点和环境状况，古树生长地环境，以及树木生长发育状况，选择适宜的养护方法。

2）能根据古树、名木的生长特征，分析古树损伤状况，判断引起古树衰老的原因。

3）能根据古树年龄，确定保护等级。明确管理保护权限。

4）依照古树生长地点的环境，土质状况，提出相应的土壤改造计划，并采用施肥、客土、填埋灌木枝条、根部施稀土元素溶液等技术手段，完成培肥等技术工作。

5）能组织相关人员编制古树名木建档工作，包括树龄核实、生长量调查、病虫害发生与危害状况；正确分析造成古树名木衰弱的自然原因和自身原因。

6）在完成古树调查任务后，能及时组织人员，对于古树挂牌工作进行核实，对于缺乏挂牌的古树，按照相关技术规程，完成挂牌工作。

7）能指出当地的古树资源保护现状、存在问题，提出科学合理的保护对策措施。

相关知识

1）明确古树含义、名木概念，以及古树和名木之间的联系和区别。

2）明确古树的生长与环境的关系，了解开展古树保护工作的景观保护和生态建设意义。

3）熟悉名木的概念，以及古树和名木之间的联系和区别，懂得开展古树名木保护的基本原则，以及对于不同等级古树的管理权限，古树名木保护的机构。

4）了解不同栽植地土质、水源、气候等与古树生长的关系，能根据具体环境条件，古树自身生长状况、生长特点，制定古树复壮的技术措施。

5）熟悉古树复壮的常见技术措施，明确各项技术措施的主要差别，实施条件和主要步骤，尤其是改土施肥技术是重点。

6）了解古树名木保护的技术规程，国家建设部行业技术规程和地方技术规程的区别和联系，古树名木保护实施的主要技术材料、设施和具体实施方法。

实践训练

本案例的操作要求是根据古树名木的生长状况，组织学生分组调查古树名木长势、要求在具体地点进行养护方案的编制。主要就养护的操作方案编制、养护技术措施的实施进行指导、考核等具体开展讨论实施。古树复壮措施、步骤需要结合树木生长实际进行，需要根据具体古树名木的生长状况进行落实。

1）古树名木生长状况的调查，着重就古树生长环境因子、立地条件进行分析。

2）古树名木衰老特征分析，明确危害的主要因素。

3）古树名木养护材料、设备、设施的准备，人员安排落实。

4）养护方案的编写，在实地考察的基础上，落实古树名木调查设计、养护的具体方案、工作实施条件分析。

5）实际操作，针对操作实施过程中遇到的问题，组织技术人员、指导教师现场指导。

6）针对每一小组的操作，进行详细方案的考核验收，评定成绩，提出改进计划。班级根据人数、作业地点，古树资源的分布进行任务设计，每组以6～7人为宜，训练内容结合每组实际选择其中之一或二个进行操作。

巩固训练

1.以实训小组（5～8人）为单位，选择一古树名木进行以下进行训练。

1）古树根颈部挖复壮沟。

2）古树名木树洞修补的训练。

3）古树名木的病虫害防治。

2.写出相应的人员安排和技术流程。

要求：组内同学要求分工合作，相互支持配合，认真执行相关操作规程。熟悉古树名木的基本养护技术，提出针对具体古树、名木的养护方法；方案制定要依据古树名木的特点、具体环境、养护标准；要保证养护技术正确，实施对象养护工作具体；同时要保证养护工作的完整性能充分保证，土壤修复和树干养护是重点，要求制定详细方案。古树名木的养护时间、方法、施肥、培土、树干补洞、枝叶修剪、病虫害防治、树干涂白等必须详细记录、完整和严谨，并做到与实际树种核对清楚，明确古树名木养护的检查督促，加强日常巡查和等级核定，报请市政园林行政管理部门审核、备案。

标准与规程

《中华人民共和国行业标准》（CJ/T189—1990）和《园林植物养护管理技术规程》（浙江省推荐标准）（DB33/T1009.6—2001）

一、古树含义与分级

古树名木管理与养护技术标准具有国家行业标准，也具有中华人民共和国工程建设地方标准（J11576—2010）。2000年9月1日，建设部颁布了关于印发《城市古树名木保护管理办法》的通知，共二十一条，涉及古树名木的涵义、保护等级划分，古树保护与养护技术措施，不同等级古树的保护与养护管理权限，古树破坏的法律责任等内容。

根据国家建设部2000年颁布的《城市古树名木保护管理办法》，对于古树名木的界定：古树是指树龄在100年以上的树木；名木是指国内外稀有的，具有历史价值和纪念意义以及重要科研价值的树木。古树分级标准是：凡是树龄在300年以上，或者特别珍贵稀有，具有重要历史价值和纪念意义、重要科研价值，为一级古树名木；其余为二级古树名木。也可以参考中华人民共和国建设部1982年12月颁布的《城市绿化条例》中有关古树名木的界定。

二、古树名木的分级管理

一级古树名木的档案材料，要抄报国家和省、市、自治区城建部门备案；二级古树名木的档案材料，由所在地城建、园林部门和风景名胜区管理机构保存、管理，并抄报省、市、自治区城建部门备案。各地城建、园林部门和风景名胜区管理机构要对本地区所有古树名木进行挂牌，标明管理编号、树种名、学名、科属、树龄、管理级别及保护单位等。

三、术语

（1）古树名木：historical tree and famous wood species

古树泛指树龄在百年以上的树木；名木泛指珍贵、稀有或具有重要历史、科学、文化价值以及有重要纪念意义的树木，也指历史和现代名人种植的树木，或具有历史事件、传说及神话故事的树木。

（2）古树后续资源 potential resource of old trees

树龄在八十年以上一百年以下的树木。

（3）一级保护古树

名木以及树龄在三百年以上的古树。

（4）古树名木复壮 historical tree and famous wood species rejuvenation

对古树名木采取改善生长环境条件等技术措施，以达到增强树势，促进生长的目的。

（5）古树名木保护区 conservation spots of old and historical trees

古树名木保护区是指不小于树冠垂直投影外5m的区域；古树后续资源保护区是指不小于树冠垂直投影外2米的区域。

（6）根系分布区 distributing district of tree roots

指树木根系在水平和垂直方向伸展所形成的地下空间区域，它与树木特性和土质环境有关，也与树木周边的其他树种存在状况有关。

（7）土壤有害物质 soil poisonous substance

指土壤中含有过量盐、酸、碱、重金属、苯等对植物生长不利的物质。

（8）土壤有机质 soil organic matter

指土壤中动植物残体、微生物体及其分解和合成的有机物质，是土壤肥力来源的重要物质基础，有机质经过矿质化、腐殖化过程而释放植物所需要的养分，或是合成养分贮藏物质，有机质的转化过程受到土壤环境的影响。单位用g/kg表示。

（9）土壤容重（土壤密度）soil bulk density

指土壤在自然结构状态下，单位容积内干土重，单位是g/cm^3或$10^3kg/m^3$。它受土壤质地、有机质和含水量等状况而定。其值对于树木根系分布和生长具有深刻影响。

（10）土壤通气孔隙度 soil aeration porosity

指在土壤孔隙中，没有毛管作用，但是通透良好的部分，一般指孔隙直径大于0.1mm的孔隙的所占的比例，用百分数%表示，它的大小与质地、耕作措施和有机质含量高低有关。

（11）观测井 observation well

指在古树名木保护区附近，人工开挖用于观察或测定地下水位和酸碱度pH的井。一般深度是120～180cm，直径是20～30cm。

四、古树名木的一般养护

1）严禁在树体上钉钉、缠绕铁丝、绳索、悬挂杂物或作为施工支撑点和固定物，严禁刻划树皮和攀折树枝，发现伤疤和树洞要及时修补。对腐烂部位应按外科方法进行处理。

2）500年以上的一级古树名木及易受毁坏的二级古树名木设置围栏保护。围栏与树干距离不小于1.5m，特殊立地条件无法达到1.5m的，以人摸不到树干为最低要求。围栏内种植一些地被植物，以保持土壤湿润、透气。

3）每年应对古树名木的生长情况作调查，并做好记录，发现生长异常需分析原因，及时采取养护措施并采集标本存档。

4）根据不同树种对水分的不同要求进行浇水或排水。高温干旱季节，根据土壤含水量的测定，确系根系缺水的情况时浇透水或进行叶面喷淋。根系分布范围内需有良好的自然排水系统，不得长期积水。无法沟排的需增设盲沟与暗井。生长在坡地的古树可在其下方筑水池，扩大吸水和生长范围。

5）古树长时间在同一地点生长，土壤肥力会下降，在测定微量元素含量的情况下进行施肥。土壤中如缺微量元素，可针对性增施微量元素，施肥方法可采用穴施、放射性沟施和叶面喷施。

6）修剪古树名木的枯死枝、梢，事先应由主管技术人员制定方案，报主管部门批准后实施。修剪要避开伤流盛期。小枯枝用手锯或铁钩清除。截大技应做到锯口保持平整、做到不劈裂、不撕皮，过大的粗枝应采取分段截枝法。操作时注意安全，锯口应涂防腐剂，防止水分蒸发及病虫害侵害。

7）古树名木树体不稳或粗枝腐朽且严重下垂，均需进行支撑加固，支撑物要注意美观，支撑可采用刚性支撑和弹性支撑。

8）定期检查古树名木的病虫害情况，采取综合防治措施，认真推广和采用安全、高效低毒的农药及防治新技术，严禁使用剧毒农药。化学农药应按有关安全操作规程进行作业。

9）树体高大的古树名木，周围30m之内无高大建筑应设置避雷装置。

10）对古树名木要逐年做好养护记录、存档。

五、古树名木的特殊养护

古树名木生长在不利的特殊环境，需作特殊养护，进行特殊处理时需由管理部门写出报告，待主管部门批准后实施，施工全过程需由工程技术人员现场指导，并做好摄影或照像资料存档。

1）土壤密实、透水透气不良、土壤含水量大，影响根系的正常生命活动，可结合施肥对土壤进行换土。含水量过高可开挖盲沟与暗井进行排水。

2）人流密度过大及道路广场范围内的古树名木，可在根系分布范围内(一般为树冠垂直投影外2m)，进行透气铺装。通气铺装的材料应具有较好的透水、透气性，应根据地面的抗压需要而采用不同的抗压性材料。透气铺装可采用倒梯形砖铺装、架空铺装等方法。

3）由于土质的变化，引起土壤含水量的变化。对地下积水处如因地下工程漏水引起的，需找到漏点并堵住。因土质含建筑渣土而持水不足，应结合换土、清除渣土、混入适量壤土。

六、古树名木养护的地方技术规程（浙江省，2001年）

①古树名木分为一级和二级。②古树名木应建立档案和标志，进行重点保护，严禁砍伐或擅自迁移。因特殊需要确需移植的，必须按规定报批。③对古树名木生长不利的立地条件必须及时整治改造。对腐烂的部位应及时剔除，并进行病虫害的防治。为保持其古老苍劲的形态，树干的空洞应及时填补，填补后的

表面颜色、形状可与树皮外观接近。④古树名木易受蛀干性害虫危害，应制订切实可行的措施，及时防治。⑤对生长日益衰弱的古树名木，应组织有关科技人员，制定复壮措施，并指定专人负责养护。⑥已倾斜的古树名木应予以支撑，防止倒伏。所设支撑应注意美观，支撑点必须有垫衬物。⑦对易受雷击的古树名木，应设避雷装置。对处于交通要道及游人量较为集中的公园、绿地、景点中的古树名木，应设围栏保护。⑧古树名木的保护范围为树冠垂直投影以外5m。在此范围内，不得新建、扩建、改建建（构）筑物，不得堆放土、石等杂物，不得挖坑取土，不得排放污水烟气、倾倒垃圾和动用明火。⑨对有历史背景和具有纪念意义的已枯死的古树名木，应立碑保留。

相关链接 ☞

http://gsmm.eco.gov.cn/
http://www.njyl.com/article/l/3
灌溉网：http://www.irrigation.com.cn
中国住房与城乡建设部：http://www.mohurd.gov.cn/bld/index.html
中国中部花木网：http://www.lvhua.com/chinese/midlvhua/info/

习　题

调查当地古树名木资源并统计列表

主要参考文献

边秀举，张训忠．2005. 草坪学基础[M]. 北京：中国建材工业出版社.

曹春英，安娟．2009. 花卉生产与应用[M]. 北京：中国农业大学出版社.

曹良俊，郑国良，张跃仙，等. 1998. 武义县古树名木资源调查[J]. 浙江农林大学学报，23（4）

陈发棣, 房伟民．2004. 城市园林绿化花木生产与管理[M]. 北京：中国林业出版社.

陈俊愉，程绪珂．1990. 中国花经[M]. 上海. 上海文化出版社.

陈佐忠，周禾. 2006. 草坪与地被植物进展[M]. 北京. 中国林业出版社.

崔晓阳．2001. 城市绿化地土壤及其管理[M]. 北京：中国林业出版社.

崔晓阳，方怀龙．2001. 城市绿地土壤及其管理[M]. 北京：中国林业出版社.

关连珠．2001. 土壤肥料学[M]. 北京：中国农业出版社.

郭学旺，包满珠．2002. 园林树木栽培养护学[M]. 北京：中国林业出版社.

胡长龙．2005. 观赏花木整形修剪手册[M]. 上海：上海科学技术出版社.

孔德政．2007. 庭院绿化与室内植物装饰[M]. 北京：中国水利水电出版社.

李承水．2007. 园林树木栽培养护[M]. 北京：中国农业出版社.

刘燕．2009. 园林花卉学[M]. 北京：中国林业出版社.

鲁平．2006. 园林植物修剪与造型造景[M]. 北京：中国林业出版社.

马凯，陈素梅，周武忠．2003. 城市绿化造景丛书：城市树木栽培与养护[M]. 南京：东南大学出版社.

南京林业学校. 1991. 园林植物栽培学[M]. 北京：中国林业出版社.

南京市园林局，南京市园林科研所．2005. 大树移植法[M]. 北京：中国建筑工业出版社.

上海市园林管理局，上海市风景园林学会．2009. 城市园林绿化管理工作手册[M]. 北京：中国建筑工业出版社.

佘远国．2012. 园林植物栽培与养护管理[M]. 北京：机械工业出版社.

石 羽．1988. 西山八大处古树名木的复壮养护[J]. 中国园林, 4:45-47.

唐小敏，徐克艰，方佩岚. 2008. 城市景观工程丛书：绿化工程[M]. 北京：中国建筑工业出版社.

天津市园林局．1999. 城市绿化工程施工及验收规范[M]. 北京：中国建筑工业出版社.

田如男，祝遵凌．2000. 园林树木栽培学[M]. 南京：东南大学出版社.

汪新娥．2008. 植物配置与造景[M]. 北京：中国农业大学出版社.

魏岩．2008. 园林植物栽培与养护[M]. 北京：中国科学技术出版社.

吴丁丁．2008. 园林植物栽培与养护[M]. 北京：中国农业大学出版社.

吴玲．2007. 地被植物与景观[M]. 北京：中国林业出版社.

吴亚芹．2005. 园林植物栽培养护[M]. 北京：化学工业出版社.

吴泽民．2003. 园林树木栽培学[M]. 北京：中国农业出版社.

郗荣庭. 1996. 果树栽培学总论[M]. 北京：中国农业出版社.

鲜小林，管玉俊，苟学强，等．2005. 草坪建植手册[M]. 成都：四川科学技术出版社.

熊和平．1996. 南方古树名木复壮技术研究[J]. 武汉城市建设学院学报, 16(2)：45-47.

燕国峰．2010. 大树移植经验谈[J]. 城乡建设.（3）:104.

俞玖．1994. 园林苗圃学[M]. 北京：中国林业出版社.

曾斌．2003. 草坪地被的园林应用[M]. 沈阳：白山出版社.

张宝鑫，白淑媛．2006. 地被植物景观设计与应用[M]. 北京：机械工业出版社.

张东林．2008. 园林绿化种植与养护工程问答实录[M]. 北京：机械工业出版社.

张秀英. 2000. 观赏花木整形修剪[M]. 北京：中国林业出版社.

张秀英．2005. 园林树木栽培养护学[M]. 北京：高等教育出版社.

浙江农业大学．2000. 植物营养与肥料[M]. 北京：中国农业出版社.

中国·城市建设研究院．2005. 风景园林绿化标准手册[M]. 北京：中国标准出版社.

周兴元．2006. 园林植物栽培[M]. 北京：高等教育出版社.

周兴元，李晓华．2011. 园林植物栽培[M]. 北京：高等教育出版社.

祝遵凌．2007. 园林树木栽培学[M]. 南京：东南大学出版社.

祝遵凌，王瑞辉．2005. 园林植物栽培养护[M]. 北京：中国林业出版社.